楼宇智能化工程技术系列教材

楼宇智能化系统的集成设计与施工

◎主　编　刘向勇　黄锦旺
◎副主编　梁海珍　叶小丽

U0240200

重庆大学出版社

内 容 提 要

本书参照建筑弱电工程师职业标准,阐述了智能楼宇中的通信网络系统(CA,包含办公自动化系统)、安全防范系统(SA)、消防控制系统(FA)以及楼宇设备监控系统(BA,包含供配电与照明系统、中央空调系统、电梯系统、给排水系统)4A 系统的集成设计方法。

本书内容源于工作实际,方法较为实用,通俗易懂,图文并茂。本书知识面较广,起点较低,比较全面系统地阐述了楼宇各自动化系统的集成设计方法。本书既可作为高职高专、技工学校、中职中专学生的教材,也可以作为从事楼宇智能化系统集成设计的工程师的入门读物。

图书在版编目(CIP)数据

楼宇智能化系统的集成设计与施工/刘向勇,黄锦旺主编.
—重庆:重庆大学出版社,2017.1(2021.1 重印)
中等职业教育机电设备安装与维修专业系列教材
ISBN 978-7-5689-0395-0

Ⅰ.①楼… Ⅱ.①刘…②黄… Ⅲ.①智能化建筑—建筑设计—中等专业学校—教材②智能化建筑—建筑施工—中等专业学校—教材 Ⅳ.①TU243②TU745

中国版本图书馆 CIP 数据核字(2017)第 020636 号

楼宇智能化系统的集成设计与施工

主 编 刘向勇 黄锦旺
副主编 梁海珍 叶小丽
策划编辑:周 立

责任编辑:周 立 版式设计:周 立
责任校对:邬小梅 责任印制:张 策

*

重庆大学出版社出版发行
出版人:饶帮华
社址:重庆市沙坪坝区大学城西路 21 号
邮编:401331
电话:(023)88617190 88617185(中小学)
传真:(023)88617186 88617166
网址:http://www.cqup.com.cn
邮箱:fxk@ cqup.com.cn(营销中心)
全国新华书店经销
重庆升光电力印务有限公司印刷

*

开本:787mm×1092mm 1/16 印张:13.25 字数:393 千 插页:8 开 10 页
2017 年 2 月第 1 版 2021 年 1 月第 2 次印刷
印数:2 001—3 000
ISBN 978-7-5689-0395-0 定价:40.00 元

前　言

为了贯彻落实"国务院关于大力推进职业教育改革与发展的决定",大力推进职业教育结构调整,实现专业与产业对接、课程内容与职业标准对接、教学过程与生产过程对接、学历证书与职业资格证书对接、职业教育与终身学习对接。在充分调研和企业实践的基础上,编写了本书。

本书参照了建筑弱电工程师职业标准,根据理论够用为准的原则,强化应用,突出实践技能操作。本书按照项目设计,共有6个项目:楼宇智能化系统集成设计认知、通信网络系统(CA)的集成设计、安全防范系统(SA)的集成设计、消防控制系统(FA)的集成设计、建筑设备监控系统(BA)的集成设计、楼宇智能化系统施工方案的设计。

本书可以作为高等职业院校、中等职业院校和技工学校智能楼宇、物业相关专业的教科书,也可以作为相关企业职工的参考资料和培训教材。

在本书编写过程中得到了各兄弟院校的大力支持和帮助,并提出了许多宝贵意见,在此一并致以衷心感谢。同时,在编写过程中,编者参阅了网络上大量的相关资料,由于均未署名,无法列出相关名字,在此一并表示感谢。

由于编者水平有限,错误和不妥之处在所难免,敬请各位读者批评指正。

编　者
2016 年 11 月

目录

目录

项目一
楼宇智能化系统集成设计认知

楼宇智能化工程(弱电系统工程)一般是指 5A 系统,即通信自动化系统(CA)、楼宇自动化系统(BA)、办公自动化系统(OA)、消防自动化系统(FA)和安防自动化系统(SA),如图 1-0-1所示。

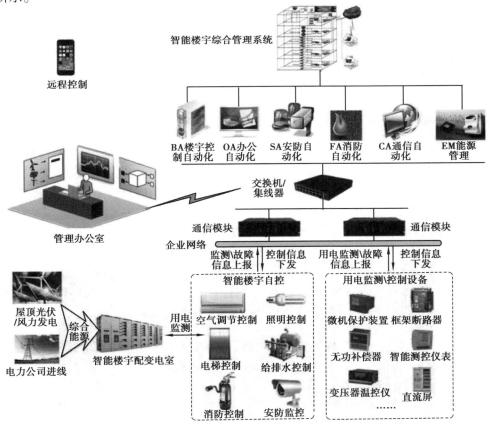

图 1-0-1　楼宇智能化系统

随着电子技术、计算机技术、网络通信技术等先进科学的发展,我们进入了万物互联的时代。楼宇智能化 5A 系统不再是一个个独立的子系统,而是作为楼宇控制的一个整体,所有系

1

统的数据发送到一个公共平台上进行统一管理。为了实现这一目标,在大楼设计的初级阶段,就需要对楼宇5A系统进行系统集成设计,撰写设计方案,出具设计图纸,为用户提供从工程咨询、规划、设计、安装、调试、维护全方位的服务。

任务一　楼宇智能化系统工程认知

教学目标

终极目标:能够讲解楼宇智能化系统集成设计的内容。
促成目标:1.掌握楼宇智能化工程所包含的子系统。
　　　　　2.掌握楼宇智能化系统集成设计的方法。

工作任务

1.参观一栋智能化写字楼。
2.画出该大楼智能化系统的集成控制框图。

相关知识

一、智能楼宇

GB 50314—2015《智能建筑设计标准》对智能楼宇定义为:"以建筑物为平台,基于对各类智能化信息的综合应用,集结构、系统、应用、管理及优化组合为一体,具有感知、传输、记忆、推理、判断和决策的综合智慧能力,形成以人、建筑、环境互为协调的整合体,为人们提供安全、高效、便利及可持续发展功能环境的建筑。"

目前,在商业和技术领域,通常是以大楼是否具有5A功能来判断其是不是智能楼宇,如图1-1-1所示。所谓5A是指楼宇自动化(BA)、通信自动化(CA)、办公自动化(OA)、安防自

图1-1-1　5A写字楼的广告

动化(SA)和消防自动化(FA),如图 1-1-2 所示。智能楼宇是将这 5 种功能结合起来,在设计阶段进行集成设计(IIS),在施工阶段进行综合布线(PDS),在后期管理时采用综合管理系统(IBMS),如图 1-1-3 所示。

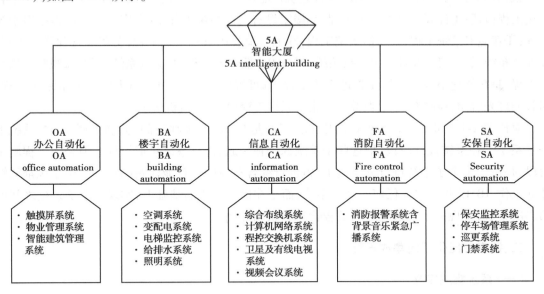

图 1-1-2 5A 智能化系统组成

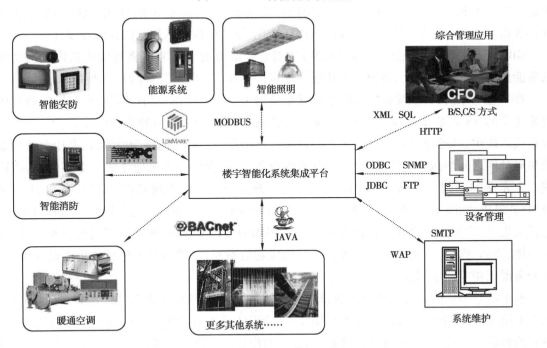

图 1-1-3 楼宇智能化综合管理系统

二、楼宇智能化系统工程

根据国家住房和城乡建设部颁布的《建筑智能化工程设计与施工资质标准》的要求,楼宇智能化工程包括:①计算机管理系统工程;②楼宇设备自控系统工程;③保安监控及防盗报警系统工程;④智能卡系统工程;⑤通信系统工程;⑥卫星及公用电视系统工程;⑦车库管理系统工程;⑧综合布线系统工程;⑨计算机网络系统工程;⑩广播系统工程;⑪会议系统工程;⑫视频点播系统工程;⑬智能化小区综合物业管理系统工程;⑭可视会议系统工程;⑮大屏幕显示系统工程;⑯智能灯光、音响控制系统工程;⑰火灾报警系统工程;⑱计算机机房工程。

对比图 1-1-2 可知,这 18 项智能化工程正好是与 5A 系统呼应的,分别隶属于 5A 系统下的子系统。在系统设计阶段,把这些子系统综合在一起,进行系统集成设计。但是在工程施工阶段,是按一个个子系统进行分步施工,再进行综合布线的。智能建筑的每一个子系统都能够独立工作,IBMS 并不取代任何一个子系统,而是在横向集成的基础上,实现每个子系统之间的第二次集成,实现每个子系统之间综合管理和联动控制。

三、楼宇智能化系统集成设计

(一)系统集成定义

系统集成(IIS,Intelligented Integration System)最早出现在新加坡专家李林专著《智能大厦系统工程》中,该书指出系统集成智能大厦的核心技术,是以系统集成、功能集成、网络集成和软件界面集成等多种集成技术为基础,运用标准化、模块化以及系列化的开放性设计。

GB 50314—2015《智能建筑设计标准》中对系统集成的定义为:"将智能建筑内不同功能的智能化子系统在物理上、逻辑上和功能上连接在一起,以实现信息综合、资源共享。"

在工程上来讲,智能建筑的系统集成就是借助于综合布线系统和计算机网络技术,将构成智能建筑的 5A 系统作为核心,将语言、数据和图像等信号经过统一的筹划设计综合在一套综合布线系统中,并通过贯穿于大楼内外的该布线系统和公共通信网络为桥梁,以及协调各类系统和局域网之间的接口和协议,把那些分离的设备、功能和信息有机地连成一个整体,从而构成一个完整的系统。使资源达到高度共享,管理高度集中,实现智能建筑设备管理系统(BMS)集成,如图 1-1-4 所示。BMS 进一步与信息网络系统(IMS)、通信网络系统(CAS)进行系统集成,实现智能建筑综合管理集成系统(IBMS),如图 1-1-5 所示。不同类型的楼宇(如写字楼、酒店、医院、学校等),其智能化系统集成功能不同,在进行智能化系统集成设计时,要充分考虑到楼宇的主用途。

本书以某酒店的智能化系统集成设计为案例进行讲解,该酒店共 22 层,其中,地上 21 层,地下 1 层,酒店建筑平面如图 1-1-6 至图 1-1-9 所示(见书后附图),3 层以上的结构均相同。酒店的智能化系统,更注重管理的高效性、服务的便捷性。酒店管理者注重酒店管理的高效节能、服务手段的多样性,而客户则注重酒店环境的安全性和舒适性。酒店智能化系统不仅要考虑为酒店管理集团搭建一个高效的信息管理和物业管理平台,提供更多具有该酒店特色的增值服务手段,同时,要为酒店的客户创造一个安全、舒适、方便、环保、细致周到的入住环境。

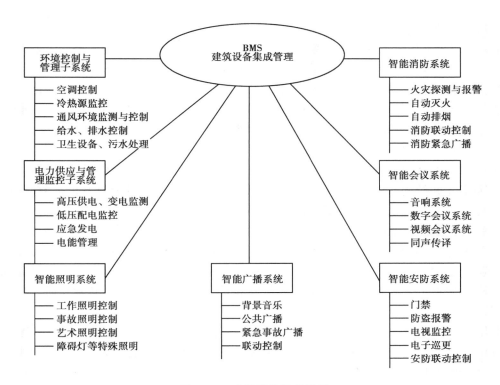

图 1-1-4　建筑设备集成管理

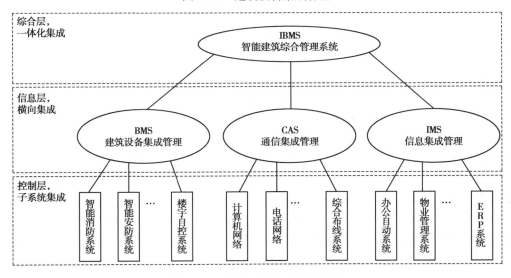

图 1-1-5　智能建筑综合管理系统

在进行集成设计时,将 FA,SA,BA 在物理上、逻辑上和功能上集成为 BMS,通过主流开放的基于 Internet 技术,以 TCP/IP 协议为基础,以 Web 为核心应用的 B/S(浏览器/服务器)模式,与酒店集团的信息管理系统、物业管理系统集成为 IBMS,实现信息、资源和任务的综合与共享,以及全局时间的处理和一体化的综合管理。

（二）系统集成的必要性

①系统集成是高效物业管理的客观需求。系统集成可以把建筑物内各子系统采用同一操作平台和统一的监控和管理的界面环境,在同一监控室内进行控制操作,减少管理人员人数,提高管理效率,降低了对管理者技能的要求以及人员培训的费用,使物业管理现代化。

②在应急状态或其他涉及整体协调运作时,通过软件编程和功能模块设计,智能建筑集成管理软件提供弱电系统整体的联动逻辑,为管理者提供统一指挥协调能力。从而提高了全局事件的控制能力,以保证人身及设备安全。

③开放的数据结构有利于共享信息资源。集成管理系统的建立提供了一个开放的平台,采集、转译各子系统的数据,建立统一开放的数据库,使信息系统自由地选择所需数据,充分发挥其强大的功能,提高这些信息的利用率发挥增值服务的功能。

④系统集成是智能建筑系统工程建设的需要。智能建筑是利用系统工程方法和技术使设备厂家产品充分发挥它们的功能,集成一个具有有效服务便于管理和使用的集成产品,充分发挥综合应用优势,有利于工程建设,适合工程总承包,减少了工程的承包商,便于工程实施和管理。同时工程商的减少,有效解决了各子系统间的界面协调,有利于系统正常开通。

（三）系统集成的要求

①开放性。IBMS 集成系统是一个完全开放性的系统,以使它们之间具备"互操作性"。系统的开放性设计,应完全遵循国际主流标准以及相关工业标准,各子系统的信息接口、协议等应符合国家标准。

②可扩展性。所提供系统的应用软件,应严格遵循模块化结构方式进行开发,系统软件功能模块,要完全根据用户的实际需要和控制逻辑编制,从而满足系统的可扩展性。

③互连接性。IBMS 集成系统完全基于局域网(Intranet),在物理上和逻辑上可以实现互连, 实现无缝连接。

④安全性。网络系统是大厦信息集成系统的基础,必须在完善的网络管理和信息安全管理体系下,制订切实可行的管理措施,保证信息集成系统高效、可靠、安全运行。

⑤先进性。完全采用目前国际上的主流技术和系统产品,保证前期所选的系统与今后系统性能提升在技术先进性方面的可延续性。

⑥经济性。经济成本是系统集成的重要因素之一,系统设计者要从系统目标和业主实际需求出发,选择先进、成熟、最经济的优质产品。并在系统合理配置和兼容性方面进行充分论证,删除不必要的设备冗余,以节省投资费用。

⑦可靠性。IBMS 系统集成应是一个可靠性和容错性极高的系统,使系统能不间断正常运行和有足够延时来处理系统故障,以确保发生故障和突发事件时,系统仍能保持正常运行。

（四）系统集成的内容

（1）功能结构的集成

智能建筑系统总体功能通常划分为 3 个层次:设备级集成、系统级集成和经营管理级集成。设备级集成完成系统的硬件资源连接,实现最底层设备的联动和各种基本控制功能等;系统级集成完成各分、子系统内部的集成及各分、子系统间的互联,实现系统间的数据通信和资源共享,同时在互联的基础上完善它们之间功能上的协调控制;经营管理级集成是面向用户的高层次功能集成,是在实现系统基本功能的基础上,满足建筑物综合服务管理的需要,使系统的楼宇设备控制管理、信息通信和信息管理等基本功能与建筑物的经营管理有机地融合为一体,最终实现智能建筑的最优化目标。控制管理的集成目标是希望将所有的监控单元纳入一个系统框架内。要解决子系统之间的互联互通。信息通信的集成是建筑智能化系统集成的基础。通信的集成目标是实现多种设备业务相互能交换数据,有通路而不能通信就谈不上数据的共享和子系统之间的联动。信息管理的集成目标是在实现各类数据共享的基础上构建智能建筑的信息管理系统和信息发布系统,最终实现数字城市、数字国家、数字地球。

（2）组织过程的集成

智能建筑包含的系统多、技术含量高,工程内容、种类复杂,施工队伍来自不同单位,各子系统、各工种的工程进度互有先后、并迭,工作内容互为条件、基础。这就要运用系统工程的思想和观点,合理地组合和规范智能建筑系统开发的各个阶段先后次序和进度安排。过程组织的集成包括系统集成分析、系统集成设计、集成系统实施、集成系统评价 4 个阶段。

（3）管理决策的集成

在系统集成的工程实施中有两个并行的内容:一个是工程技术;另一个是工程技术的控制过程。工程技术的控制过程包括系统立项、系统规划与组织、工程进度与质量的控制,以及前后期对方案的分析、比较、决策和评价,统称为管理决策。管理决策在系统集成中体现了综合管理的作用,对目标系统的按期保质完成有着十分重要的意义。

（五）系统集成的分级

通常根据各类工程的使用功能、管理要求以及工程建设的投资标准,对建筑智能化集成系统划分为三级。

①甲级:子系统配置齐全且实现了一体化集成的系统;高级智能化系统。

②乙级:配置了基本子系统并实现了机电设备集中监控和管理功能的系统;智能化系统。

③丙级:配置了主要子系统并有扩充发展和进行系统集成考虑的系统;准智能化系统。

（六）系统集成的技术手段

①采用协议转换方式实现系统集成具有不同通信协议的互联网络。把相关的联动信息送到现场控制器中,从而实现整个 BMS 的综合信息管理和联动控制。

②采用开放式标准协议实现系统集成。采用开放式标准协议是实现设备及子系统间无缝连接的可行方法,现在主要的开放式标准协议有 BACnet 标准、LonMark 标准。

③采用 ODBC 技术实现系统集成。ODBC 是微软公司推出的一种应用程序访问数据库的标准,也是解决异种数据库之间互联的标准。

④采用 OPC 技术实现系统集成。OPC 技术采用微软公司提供的 OLE 对象链接和嵌入,用于应用程序之间数据交换及通信的协议,它允许应用程序链接到其他软件对象中,这种用于过程控制的 OLE 通信标准,即 OPC。OPC 实现不同网络平台、不同通信协议、不同厂家产品方便地互联和互操作,为智能建筑系统集成创造了良好的软件环境。

（七）系统集成的方法

系统集成设计要遵循科学的方法来进行,一般是按照"总体规划,优先设计,从上向下,分步实施"的过程进行。

"总体规划,优先设计",是指必须在工程建设规划开始就要明确系统集成的目标、平台和技术,作为工程建设的各个阶段的目标和设计指导。

"从上向下,分步实施",是指各个子系统的功能和技术方案必须要满足系统集成的目标和设计指导,先完成子系统的集成,只有这样,才能够达到总体目标。

　　系统集成设计完成,出具相应的设计图纸后,就要进行产品选型,在满足功能需求的前提下,综合考虑成本、质量等因素,选择合适的品牌,同时要进行设备联试。产品选好后就要进行工程实施,分系统进行施工安装,同时进行系统联试。最后,整个系统验收完毕,就要进入运行管理阶段,对智能化系统进行总体评价,专人进行运行、维护、管理。

(八)系统集成面临的问题

　　楼宇智能化系统集成已经提出了很多年,但是真正意义上的智能化大楼并不多见,主要是因为在系统集成过程中面临很多问题,如图 1-1-10 所示。

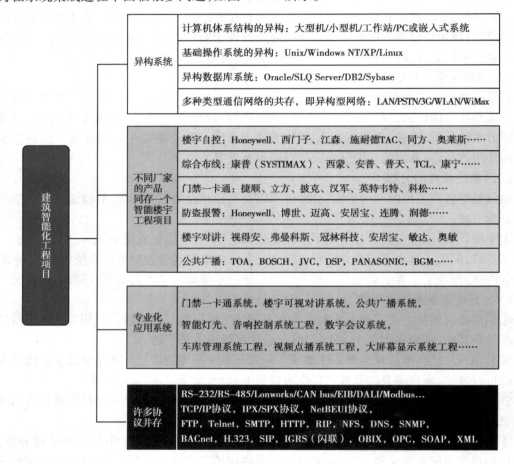

图 1-1-10　楼宇智能化系统集成面临的问题

任务实施

一、任务提出

　　参观学校附近一幢智能楼宇,观看该楼宇中 5A 智能化系统运行过程,画出各智能化系统的结构框图。

二、任务目标

①能够熟练讲出智能楼宇的 5A 系统。

②能够独自讲解 5A 系统的运行过程。

③掌握各智能化系统的组成结构,能够画出各智能化系统的结构框图。

三、实施步骤

①由任课教师与校企合作企业进行沟通,选择合适的智能大楼用于参观,并确定参观时间。

②教师要提前对该大楼的智能化系统进行深入了解,提前给学生进行讲解,使学生对参观对象有初步了解。

③学生参观时,要遵守企业的规章制度,认真听取企业专业技术人员的讲解。

④学生要做好记录,重点观看该大楼智能化系统的运行过程。

⑤撰写参观实训报告,画出各智能化系统的结构框图。

四、任务总结

书写参观报告,画出各智能化系统结构框图。利用两个课时的时间,讨论参观感想,请学生独自讲解 5A 系统的运行过程。

 思考与练习

1.简述智能楼宇的 5A 系统。

2.简述楼宇智能化系统集成设计的定义。

3.简述楼宇智能化系统集成设计的内容。

4.上网进行信息检索,简述物联网在智能楼宇中的应用。

任务二　楼宇智能化系统集成设计图纸认知

 教学目标

终极目标:能读懂系统集成标准化图纸。

促成目标:1.掌握系统集成设计图纸所包含的内容。

2.会按照制图规范要求制作标准化图幅。

 工作任务

1.识读一套楼宇智能化系统集成设计图纸。

2.在 CAD 中制作标准化的图幅。

相关知识

　　楼宇智能化系统集成设计过程一般包含方案设计、初步设计、施工图设计3个阶段。方案设计后经评审进入初步设计,初步设计后经评审进入施工图设计,施工图设计文件经有关部门质量审查,进入施工招投标,由施工单位(系统集成商)进行深化设计,则设计过程基本完成。在施工过程中,如建筑装修、功能调整,再作局部修改和完善。为降低智能化系统的安装难度,提升安装质量,一般要求智能化系统集成设计与建筑设计同步进行。但是,在实际工程项目中,很多智能化系统工程施工图由系统集成商设计。由于系统集成商参与智能化系统工程设计招投标时,建筑设计院的建筑设计施工图已完成,建设单位急于进行智能化系统工程施工,系统集成商在方案设计中标后即进入施工图设计阶段,初步设计及其评审这个重要阶段常被忽略。

一、系统集成设计图纸内容

　　一套完整的集成设计图纸包含图纸目录,设计说明,主要设备及材料表,系统图,平面图,弱电竖井详图,原理图,弱电机房详图,其他详图,如会议室、多媒体教室、门禁大样图等。根据《建筑工程设计文件编制深度规定》,在深化设计阶段,可能还需安装图、装配图、接线图(机柜、设备端接图)、线缆表、基础图等设计文件。

　　①图纸目录。首先列出新绘制的图纸,然后列出选用的标准图或重复利用图。标明图纸内容、图号、图幅。

　　②设计说明及图例。设计说明按各弱电子系统分别叙述。应说明设计的依据(原设计院的施工图和招投标文件)、遵循的标准,各子系统功能及配置概况,各子系统施工要求,设备材料安装高度,与各专业配合条件,各施工需注意的主要事项,接地保护内容,注明图纸中有关特殊图形、图例说明,对非标准设备的订货说明。

　　③设备材料表。分系统罗列各系统的设备材料的选型规格、数量、品牌。

　　④系统图。表现系统原理、系统主要设备配置和构成、系统设备供电方式、系统设备分布楼层或区域、设备间管路和线缆的规格、系统逻辑及连锁关系说明。对于楼宇自控系统,还需表现所监控的机电设备的工艺流程及监控点设置,监控点的类型(AI,AO,DI,DO)及供电等级,控制器的划分,相关的机电设备和电气控制箱编号等。

　　⑤平面敷设图。分层表现该层上弱电相关设备的位置、标高、安装方式,线槽和管路的规格、走向、标高和敷设方式,线缆的规格、走向,弱电井的位置及井内设备材料布置示意,控制室的位置。

　　⑥弱电井,控制室布置平、剖面图。表现弱电井内的设备、线槽、管路的布置,控制室内的操作台、显示屏、工作人员衣物柜的布置。明确弱电井内的电源要求、控制室内的装修要求和电源要求。由于弱电井内还有消防系统的设备,井内布置时需业主、监理、消防等相关方协商确定。

　　⑦室外管线图。标明室外弱电管线的敷设方式、埋设深度、线路坐标、架空线路高度、杆型、各种管线的规格型号,与其他管线平行和交叉的坐标、标高,与城市或园区管网的衔接位置。

⑧设备配线连线图。各系统外接线复杂的设备需提供接线图,如楼宇自控系统的控制器、门禁管理系统的控制器、停车管理系统、电视监控系统控制室设备间连线,背景音乐控制室内设备间连线等。外接线简单的可注明参见设备说明书,如摄像机、扬声器等的接线。

⑨电气接口图。表现楼宇自控系统与电气控制箱的接口方式。

⑩安装大样图。表现机房内设备的安装位置和安装方式。

如图 1-2-1 所示为某酒店智能化系统集成设计成套图纸

H-T-010 火灾自动报警系统图.dwg

H-T-011 公共广播系统图.dwg

H-T-012 综合布线系统图.dwg

H-T-013 有线电视系统图.dwg

H-T-014 计算机网络系统图.dwg

H-T-015 建筑设备集成管理系统图.dwg

H-T-016 建筑设备监控系统图.dwg

H-T-017 建筑设备监控原理图一.dwg

H-T-018 建筑设备监控原理图二.dwg

H-T-019 建筑设备监控点表.dwg

H-T-020 停车场管理系统图.dwg

H-T-021 机房平面布置图.dwg

H-T-022 消防自动水炮控制系统图.dwg

H-T-023 安全技术防范系统.dwg

H-T-C00 酒店地下一层安全技术防范及有线电视平面图.dwg

H-T-C10 酒店一层安全技术防范及有线电视平面图.dwg

H-T-C20 酒店二层安全技术防范及有线电视平面图.dwg

H-T-C30 酒店三层安全技术防范及有线电视平面图.dwg

H-T-C40 酒店管道夹层安全技术防范及有线电视平面图.dwg

H-T-C50 酒店标准层安全技术防范及有线电视平面图.dwg

H-T-F00 酒店地下一层火灾自动报警平面图竣工图.dwg

H-T-F10 酒店一层火灾自动报警平面图竣工图.dwg

H-T-F20 酒店二层火灾自动报警平面图竣工图.dwg

H-T-F30 酒店三层火灾自动报警平面图竣工图.dwg

H-T-F40 酒店管道夹层火灾自动报警平面图竣工图.dwg

H-T-F50 酒店标准层火灾自动报警平面图竣工图.dwg

H-T-F60 酒店屋顶层火灾自动报警平面图竣工图.dwg

H-T-P00 酒店地下一层综合布线及公共广播平面图竣工图.dwg

H-T-P10 酒店一层综合布线及公共广播平面图竣工图.dwg

H-T-P20 酒店二层综合布线及公共广播平面图竣工图.dwg

H-T-P30 酒店三层综合布线及公共广播平面图竣工图.dwg

H-T-P40 酒店管道夹层综合布线及公共广播平面图竣工图.dwg

H-T-P50 酒店标准层综合布线及公共广播平面图竣工图.dwg

图 1-2-1 某酒店智能化系统集成设计图纸

二、系统集成设计制图规范

楼宇智能化系统集成设计图纸应严格遵照国家有关制图规范,如图 1-2-2(见书后附图)是某酒店智能化系统集成设计的一张代表性图纸。制图时要求所有图面的表达方式均保持一致,一般制图规范有以下要求。

(一)图纸装订

智能化系统集成设计图纸可参照下列顺序进行装订:

①图纸封面。

②图纸目录。

③设计说明。

④附表(线路路由)/主要设备材料表。

⑤详图/大样图。

⑥分图：监控电视墙详图、监控杆详图、施工大样图（桥架安装、管线敷设、接地网等）。

⑦设备连接系统图。

⑧平面布置图。

（二）图纸幅面

GB/T 50001—2017《房屋建筑制图统一标准》规定，图纸幅面的基本尺寸为5种，其代号分别为A0,A1,A2,A3,A4。系统集成设计图纸图幅一般采用A0,A1,A2,A3 4种标准，以A1,A2图纸为主，通常情况A1为平面图，A2为系统图。一个工程所用的图纸，不宜多于两种幅面（目录及表格所用A4幅面、设计说明所用A0幅面除外）。为了适应建筑物的具体情况，平面尺寸有时要适当放大，因此GB/T 50001—2017中又规定了图纸长边允许加长A0—A3号图纸的边长；加长部分的尺寸应为长边的1/8及其倍数，图框线用粗实线画出，如图1-2-3所示。

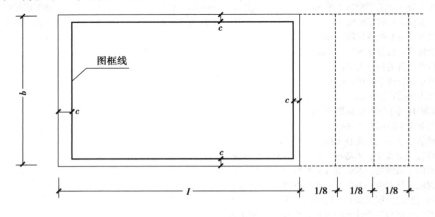

图1-2-3　图纸幅面

（三）图层

采用图层的目的是用于组织、管理和交换CAD图形的实体数据以及控制实体的屏幕显示和打印输出。图层具有颜色、线形、状态等属性，在满足国家标准下，每个设计单位可以根据实际情况进行个性化设置。设计图纸时，新增图层都要给其命名，一般用汉字并用"＿"开头，例如，＿监控管线。下面讲解一下常见的图层设置要求。

（1）图层的设定

各子系统设备及管线为1个图层，桥架为1个图层，设计说明、标题栏（封面、目录、图签栏）为1个图层，系统图为1个图层。

（2）图例

应统一弱电图例，统一后图例存储于公共服务器。在现有弱电设计的基础上做深化设计时，原则上使用现有的图例。各系统图例与各系统设备、管线必须在同一图层上。原建筑设计单位图例的定义块，必须分解，重新定义块，以达到以上要求。通信系统图执行中华人民共和国行业标准YDT 5015—2015《电信工程制图与图形符号》规定；建筑图执行中华人民共和国国家标准GB/T 50001—2017《房屋建筑制图统一标准》规定。

（3）颜色

线条颜色有以下规定：系统图设备框用青色4号，连线用白色；综合布线点位及管线（平面图）为青色4号；有线电视点位及管线（平面图）为黄色2号；视频监控系统点位及管线（平面图)为洋红 6 号;多媒体会议系统点位及管线(平面图)为绿色 3 号;桥架为蓝色 5 号;所有管线、设计说明、图例的说明文字为白色 255 号。

(4)图线

在施工图中,为了表示不同的意思,并达到图形的主次分明,必须采用不同的线型和不同宽度的图线来表达。

线型可分为实线、虚线、点画线、双点画线、折断线、波浪线等。

线宽等级分为粗线、中粗线、细线 3 个等级。以粗实线的线宽为基本单位,用 b 表示。首先确定粗实线的宽度,再选定中实线和细实线的宽度,使它们构成一个线宽组。它们的线宽比可以为 $b:0.5\ b:0.35\ b(b:b/2:b/4)$,粗线的宽度 b 为 0.35~1.0 mm。通常在一个图样中所用的线宽不宜超过 3 种。常见的线型图例见表 1-2-1。

表 1-2-1　制图常见线型

名称		线型	线宽	一般用途
实线	粗		b	主可见轮廓线、被剖到部分的轮廓线、结构中的钢筋线、建筑物的外轮廓线、剖切位置线、标题栏线等
	中		0.5b	可见轮廓线、剖面图中未被剖到但仍能看到而需要画出的轮廓线、尺寸标注线起止符号(45°短画线)等
	细		0.35b	尺寸线、图例线、索引标志的圆圈、引出线、标高符号线等
虚线	中		0.5b	不可见轮廓线、平面图中的高窗、顶棚布置图(天花图)中的门洞等
	细		0.35b	不可见轮廓线、图例线等
细点画线			0.35b	中心线、对称轴线、定位轴线等
折断线			0.35b	断开界线

设计图中的管线或线缆必须用粗实线(CAD 多段线,宽度 50(当图形比例为 1∶100 时,若图形为其他比例时,须按比例增减)),遇到个别之处,可作适当调整,但一定要和细实线区分开。

平面图中埋设管线必须点对点画到位,走直线,不能横平竖直拐硬弯。注意:一定要避开剪力墙和两层以上的楼梯间。即所绘制的路线就是实际的施工路线(注:横平竖直的管线画法,只适用于预制楼板内的敷设以及系统图的绘制)。

管线交叉处必须打断;管线接近平行时的重叠,可作适当的拐弯连接,以便让开;并行的多路管线,宜作线束绘制,以相同粗细的点画线表示。

在集中出线处,因比例小、线路和标注过分拥挤,无法画得清楚时,可作局部放大图处理。管线上的功能标注,如 JK,BJ,F,M 等,可放在管线平行的上方,不必将管线打断。短线缆处可引出细线标注。

画线时应该注意的问题:实线要画得均匀、光滑,起始点与结尾点不可过粗或过细。

虚线的线段应长短一致,在一般图纸中,线段长度可取 3~6 mm,线段间距可取0.5~1 mm。

点画线是由长画线和圆点组成的,首尾两端应为长画线段。折断线的直线部分要在折线处与折线相接,不可以从折线处穿过。图线相交处要严实无缝。在手绘图中,垂直相交的直线可以稍稍出头,但不可过多。画线时常见的弊病如图 1-2-4 所示。

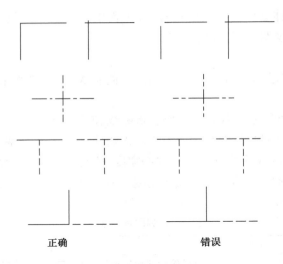

正确   错误

图 1-2-4 图线交接画法的正与误

（四）标注

（1）文字标注

文字标注线必须是缺省细实线,颜色为天蓝色 140 号;标注线的指向必须清楚,被标注点须打短线确定;多组标注线的斜线部分,尽量平行;横线部分尽量取齐对准;字串外的多余长度应剪掉。标注字串要一体,不能分段;字体要统一,标注字串使用 HZTXT;字体大小在300～500（当图形比例为 100∶1 时）;个别情况可适当减小,但不得小于 250。图中的说明或图例,字体要统一。字的大小:标题用 800～1 100,字体用_HZTXT;内容部分用 350～700,字体用 HZTXT。总之,以美观、协调为准。原土建条件图上的保留文字,在不影响弱电图标注的前提下,字体可不改动。但必须不过大、不和管线重叠。

（2）尺寸标注

尺寸标注是用来标注长、宽、高等尺寸的"符号",由尺寸线、尺寸界线、尺寸起止符号和尺寸数字组成,如图 1-2-5 所示。尺寸线和尺寸界线均为细实线,起止符号为中粗线;起止符号与尺寸界线成顺时针 45°角;尺寸数字一般应标注在尺寸线的上方;水平尺寸线上的数字,字头要朝上;垂直尺寸线上的数字,字头要朝左。有些时候,尺寸界限比较密,为使图线和尺寸清晰可辨,可以按如图 1-2-6 所示的方法标注尺寸。

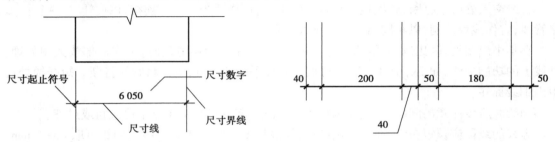

图 1-2-5 尺寸标注   图 1-2-6 尺寸线较密时的尺寸标注

根据图样的不同,尺寸的标注也有不同,如半径、直径、角度、弧长等的标注另有表示法,如图 1-2-7 所示。

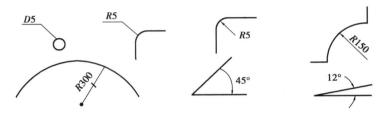

图 1-2-7　圆弧及角长的表示法

曲线图形的尺寸线,可用尺寸网格表示,如图 1-2-8 所示。当水平线不是水平线位置时,尺寸数字应尽量避免在图中有倾斜范围内注写,如图 1-2-9 所示。

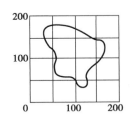

图 1-2-8　曲线尺寸标注

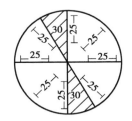

图 1-2-9　倾斜直线标注

(五)引出线

引出线是用来标注文字说明的。这些文字,用以说明引出线所指部位的名称、尺寸、材料和做法等。引出线有 3 种,即局部引出线、共同引出线和多层构造引出线。

(1)局部引出线

局部引出线单指某个局部附加的文字,只用来说明这个局部的名称、尺寸、材料和做法。局部引出线用细实线绘制。一般采用水平或水平方向成 30°,45°,60°,90°的直线,或经上述角度再折为水平线的折线。附加文字宜注写在横线的上方,也可注写在横线的端部。为使图面整齐清楚,用斜线或折线作引出线时,其斜线或折线部分与水平方向形成的角度最好一致,如均为 45°,60°等,如图 1-2-10 所示。

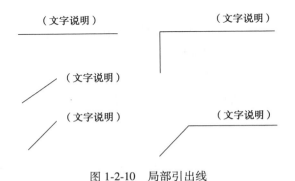

图 1-2-10　局部引出线

(2)共同引出线

①共同引出线用来指引名称、尺寸、材料和做法相同的部位。如果一个一个地引出,不仅工作量大,还会影响图面的清晰性。引出线宜互相平行,也可画成集于一点的放射线,如图 1-2-11所示。

15

②共同引出线还有一种画法，叫"串联式引出线"。可将多个名称、尺寸、材料和做法相同的部位，用一条引出线"串联"起来，统一附加说明。为使被指引的部分确切无误，可在被指示的部位画一个小圆点，如图1-2-12所示。

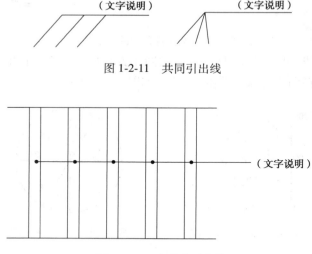

图 1-2-11　共同引出线

图 1-2-12　串联式引出线

（3）多层构造引出线

多层构造引出线用于指引多层构造物。如由若干构造层次形成的墙面、地面等。当构造层次为水平方向时，文字说明的顺序应由上至下地标注，即与构造层次的顺序相一致。当构造层次为垂直方向时，文字说明的顺序也应由上至下地标注，其顺序应与构造层次由左至右的顺序相一致，如图1-2-13所示。

（六）索引符号与详图符号

（1）索引符号

为了清楚地表示出图样中的某个局部或构件，可用更大的比例绘制成详图。此时，要用索引符号注明详图编号和详图所在的图纸号，同时，还要在详图的下面注写上详图编号。

索引符号是一个用细实线画的圆，直径为10 mm。水平直径上半部分的数字为详图的编号，下半部分的数字是详图所在的图纸的编号。如详图与被索引的图样在同一张图纸上，下半部分则画一短横线，如图1-2-14所示。

（2）详图符号

详图符号是详图自身编号。它是一个用粗实线画的圆，直径为14 mm。圆内只注详图的编号，如图1-2-15所示。

（3）局部剖面的索引符号

若要为剖断面查找详图，就要在被剖切的部位以粗短直线画出剖切位置线，并用引出线引出索引符号。引出线所在的一侧即为剖视方向，引出线要对准索引符号的圆心，如图1-2-16所示。

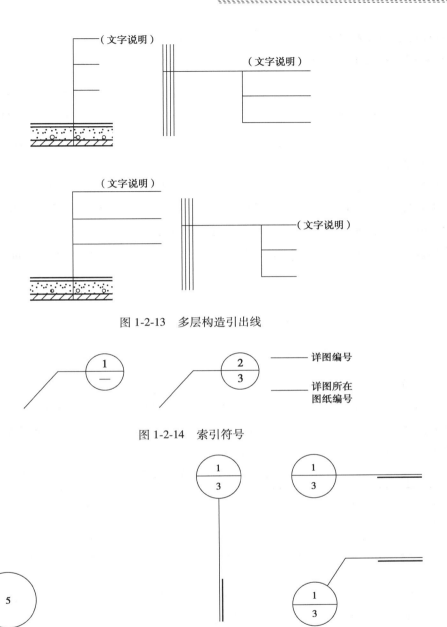

图 1-2-13　多层构造引出线

图 1-2-14　索引符号

图 1-2-15　详图符号

图 1-2-16　局部剖面的索引符号

（七）标高符号

标高符号和标高尺寸的注写要求,GB/T 50001—2017《房屋建筑制图统一标准》中有明确规定。标高符号一般用于平面图和立面图上,以等腰三角形表示。具体画法如图 1-2-17所示。

用来表示楼地面的标高时,标高符号的尖角下不画短画线,如图 1-2-18(a)所示。用来表示门、窗、梁板的标高时,则应在标高符号的尖角下画一短画线,这一短画线应与标高所指的位置相平齐,如图 1-2-18(b)所示。按规定,相对标高为零的地方,应注写成±0.000,以此处为基准,负标高处应在标高数字前加上"-"号,如-0.600;正标高处,则不在标高数字前加"+"号,如1.200 不写成+1.200。标高数字以 m(米)为单位,小数点后取 3 位。

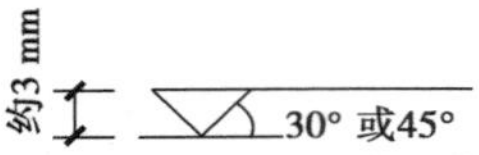

图 1-2-17　标高符号的画法 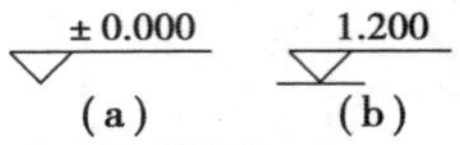　　　　　　　　图 1-2-18　标高符号

(八)图名

平面图、剖面图的图名和比例尺应注写在图样的下面。图名下应画一条粗实线,线长与图名所占长度基本相等。比例尺的字号,应比图名的字号小一号,字的底部与图名取平,其下不画线,如图 1-2-19 所示。详图的图名可用详图号表示,也可同时用详图号和图样的名称表示。正确的表示方法如图 1-2-20 所示。详图号的圆圈应为粗实线,直径约为 14 mm,圆圈内数字为详图号。

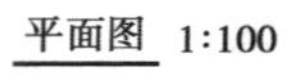

平面图　1:100　　　　　　剖面详图　1:10

图 1-2-19　图名举例 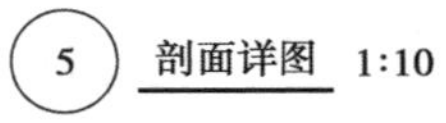　　　图 1-2-20　详图图名举例

(九)文字

文字的字高,在下列系列中选用:250,350,500,700,1 000,1 400,2 000 mm(图纸比例为1:100为例),如需书写更大的字,其高度应按 2 的开方的比值递增。图例及说明的汉字,应采用长仿宋体,宽度与高度的关系,应符合表 1-2-2 的规定。

表 1-2-2　长仿宋体字高度(mm)　　　　　(以图纸比例为 1:100 为例)

字高	2 000	1 400	1 000	700	500	350	250
字宽	1 400	1 000	700	500	350	250	180

表示分数时,不得将数字与文字混合书写,例如四分之三应写成 3/4,不得写成 4 分之三,百分之三十五应写成 35%,不得写成百分之 35。

备注、说明中的中西文字高应一致。图签栏各部分书写标准可根据设计单位图签栏及具体制图任务,由项目负责人统一编制。

(十)比例

图纸使用比例的作用,是为了将室内结构不变形地缩小和放大在图纸上。图纸比例用阿拉伯数字和符号":"表示。如 1:100,1:50 等。1:100 表示图纸上所画物体比实体缩小 100倍,1:1 表示图纸上所画物体与实体一样大。一般图纸采用的比例见表 1-2-3。

表 1-2-3　图纸常用比例表

	常用比例	必要时可增加的比例
总平面图	1：500,1：1 000,1：2 000	1：2 500,1：5 000,1：10 000
平面图、立面图、剖面图	1：50,1：100,1：200	1：150,1：5 000
次要平面图	1：300,1：400	1：500
详图、大样图	1：1,1：2,1：5,1：10	1：3, 1：4, 1：30
	1：20,1：25,1：50	1：40

（十一）图标栏及图签栏

图标栏和图签栏又称为标题栏和会签栏,是设计标题栏的组成部分。图标栏是说明设计单位、图名、编号的表格,如图 1-2-21 所示。图标栏及图签栏由设计单位统一规定,统一后的图标栏及图签栏存储于公共服务器。

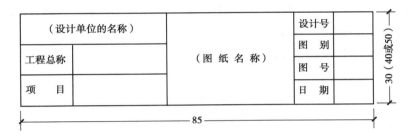

图 1-2-21　图标栏

图标的位置一般在图纸的右下角。图标的尺寸在国家标准中也有规定,A2,3,4 号图纸的小图标其长边的长度应为 85 mm;短边的长度宜采用 30,40,50 mm3 种尺寸。

图签栏是供需要会签的图纸用的。1 个会签栏不够用时,可另加 1 个,两个会签栏应并列;不需要会签的图纸,可不设会签栏。图签栏位于图纸的左上角,其尺寸应为 75 mm×20 mm,栏内应填写会签人员所代表的专业、姓名、日期（年、月、日）。具体形式如图 1-2-22 所示。

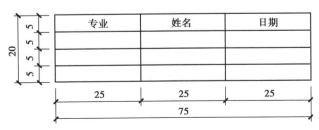

图 1-2-22　图签栏

如图 1-2-23 所示是一张完整的图纸幅面。

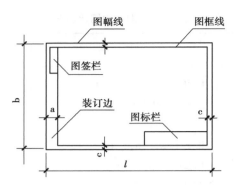

图 1-2-23　图纸幅面

三、设计说明的撰写

系统集成设计图纸上应说明设计的依据(原建筑设计单位的施工图、招投标文件、国家及地方相关的标准和规定)、遵循的标准、工程概貌及任务范围、本设计方案构成及特点、子系统功能及配置概况、采用设备及管线敷设方式说明、各子系统施工要求、设备材料安装高度、电源及接地要求、其他未尽事宜(与各专业配合条件、各施工需注意的主要事项等)。注明图纸中有关特殊图形、图例说明,对非标准设备的订货说明。应说明与中标文件中需求变更的部分设计内容、设计依据及经费预算。

楼宇智能化系统集成设计图纸上的"说明"具体包含以下内容:

(一)建筑概况

介绍本项目大楼的基本情况,常用模版如下:

本工程位于_____(省市)_____(区)_____(路)。总建筑面积约为_____m²。地下__层,主要为_____;地上__层,主要为_____等。本工程属于__类(办公)建筑。建筑主体高度____m,裙房高度____m。结构形式为_____。基础形式为_____。建筑类别为_____类,防火保护对象分级为_____级。

(二)设计依据

主要说明本设计图的设计依据,常见的书写内容如下:

①相关专业提供的工程设计资料。

②各市政主管部门对初步设计的审批意见。

③甲方提供的设计任务书及设计要求。

④国家现行的主要规范、规程及相关行业标准:《火灾自动报警系统设计规范》GB 50116—2013;《综合布线系统工程设计规范》GB 50311—2007;《智能建筑设计标准》GB/T 50314—2015;《安全防范工程技术规范》GB 50348—2004;《建筑物电子信息系统防雷技术规范》GB 50343—2012;《入侵报警系统工程设计规范》GB 50394—2007;《视频安防监控系统工程设计规范》GB 50395—2007;《出入口控制系统工程设计规范》GB 50396—2007;《民用建筑电气设计规范》JGJ 16—2008 等。

（三）设计范围

说明本设计所包含哪些智能化系统，常见的书写内容如下：

①本设计包括红线内的以下内容：火灾自动报警系统，安全技术防范系统，有线电视和卫星电视接收系统，广播、扩声及会议系统，建筑设备监控系统，计算机网络系统，通信网络系统，综合布线系统，智能化系统集成。

②移动通信信号覆盖系统由电信部门负责设计、安装。

③本工程电信分界点为地下一层弱电间电信总配线架处；有线电视分界点在光端机房。电话交换系统、接入网等通信设施由电信部门负责设计、安装。本设计仅负责总配线架以下的配线系统设计，并配合土建预留水平和垂直通路。

（四）各子系统要求

详细说明各子系统设计要求。各子系统设计说明应分别叙述（在子系统图中体现），应简要介绍各子系统的设计思路、注意事项等。

（五）其他事项

主要说明其他未尽事宜（如与各专业配合条件、各施工需注意的主要事项等）。常见的书写如下：

①凡与施工有关而又未说明之处，参见国家、地方标准图集施工，或与设计院协商解决。

②本工程所选设备、材料，必须具有国家级检测中心的检测合格证书（3C 认证）；必须满足与产品相关的国家标准；消防产品应具有入网许可证。

③为设计方便，所选设备型号仅供参考，招标所确定的设备规格、性能等技术指标，不应低于设计图纸要求。

④所有设备确定厂家后均需建设、施工、设计、监理 4 方进行技术交底。

⑤根据国务院签发的《建设工程质量管理条例》（第 279 号令），建设方、施工单位要做到：

a.本设计文件需报县级以上人民政府建设行政主管部门或其他有关部门、施工图审图部门审查批准后，方可使用。

b.建设方应提供电源等市政原始资料，原始资料必须真实、准确、齐全。

c.由各单位采购的设备、材料，应保证符合设计文件及合同的要求。

d.施工单位必须按照工程设计图纸和施工技术标准施工，不得自行修改工程设计。施工单位在施工过程中发现设计文件和图纸有差错的，应当及时提出意见和建议。

e.建设工程竣工验收时，必须具备设计单位签署的质量合格文件。

f.计算机电源系统、有线电视系统、卫星接收天线、电信等弱电系统引入端，设过电压保护装置。

四、集成设计图形符号

在进行图纸设计时，一些常用术语或标准化操作可以用图形符号表示，见表1-2-4。

表 1-2-4　常用的图形符号及含义

类型	代号	名称	类型	代号	名称
线缆敷设方式表示	SR	沿钢线槽敷设	导线穿管表示	SC	焊接钢管
	BE	沿屋架或跨屋架敷设		MT	电线管
	CLE	沿柱或跨柱敷设		PC-PVC	塑料硬管
	WE	沿墙面敷设		FPC	阻燃塑料硬管
	CE	沿天棚面或顶棚面敷设		CT	桥架
	ACE	在能进入人的吊顶内敷设		MR	金属线槽
	BC	暗敷设在梁内		M	钢索
	CLC	暗敷设在柱内		CP	金属软管
	WC	暗敷设在墙内		PR	塑料线槽
	CC	暗敷设在顶棚内		RC	镀锌钢管
	ACC	暗敷设在不能进入的顶棚内	灯具安装方式表示	CS	链吊
	FC	暗敷设在地面内		DS	管吊
	SCE	吊顶内敷设，要穿金属管		W	墙壁安装
	DB	直埋		C	吸顶
	TC	电缆沟		R	嵌入
	F	地板及地坪下		S	支架
				CL	柱上

 任务实施

一、任务提出

①参观学校附近一幢智能楼宇，识读该楼宇 5A 智能化系统集成设计图纸。
②利用 CAD 制图软件，按制图规范要求设置标准图层，制作标准图框。

二、任务目标

①能够按图纸讲解该智能楼宇 5A 系统布置。
②能够独自设置标准图层，制作标准图框。

三、实施步骤

①由任课教师与校企合作企业进行沟通，选择合适的智能大楼用于参观，并确定参观时间。
②教师要提前对该大楼的智能化系统集成设计图纸进行了解，提前给学生进行讲解，使学生对参观对象有初步了解。

③学生参观时,要遵守企业的规章制度,认真听取企业专业技术人员的讲解。

④学生要做好记录,按照集成设计图纸参观该大楼智能化系统实物。

⑤撰写参观实训报告,写出该套集成设计图纸的目录。

⑥利用两个课时时间,熟悉 CAD 制图软件,学会设置标准图层,制作标准图框。

四、任务总结

书写参观报告,写出该套集成设计图纸的目录;书写 CAD 实训报告书,分别写出图层设置和图框制作的步骤。

思考与练习

1.简述楼宇智能化系统集成设计图纸所包括的内容。

2.集成设计制图规范中,需要对哪些项目进行规范要求。

3.列写所观看的集成设计成套图纸中的图形符号,并写出其含义。

4.上网进行信息检索,下载 YDT 5015—2007《电信工程制图与图形符号》规定和 GB/T 50001—2010《房屋建筑制图统一标准》规定。

任务三 楼宇智能化系统集成设计组织认知

教学目标

终极目标:学生能独自讲解楼宇智能化系统集成设计单位的运作流程。

促成目标:1.能画出楼宇智能化系统集成设计单位的架构框图。

2.掌握系统集成设计单位对员工的技能及素养要求。

3.熟悉系统集成设计技术人员的工作内容。

工作任务

1.参观楼宇智能化系统集成设计公司。

2.画出所参观公司的人事架构图。

3.了解系统集成设计公司对技术人员技能及素养要求。

相关知识

一、楼宇智能化系统集成设计企业资质类别

楼宇智能化系统集成设计有两个相关资质标准:①建筑智能化工程设计与施工资质(住房和城乡建设部),称为弱电系统集成,承接项目是工程施工类,一般不包含软件集成开发工作,从事此类工作的从业者被称为弱电工程师。建筑智能化工程设计与施工资质于 2015 年 7 月取消,不再受理资质申请。②计算机信息系统集成企业资质(工业和信息化部),于 2014 年 1 月取消,不再受理资质申请。

楼宇智能化系统工程企业需要取得的是建筑智能化工程设计与施工资质。根据住房和城乡建设部出具的文件,该资质被逐步取消,已取得资质证书的企业,在有效期内证书继续有效。本书就建筑智能化工程设计与施工资质作进一步的讲解。

建筑智能化系统设计企业专项资质设一级、二级两个级别。取得一级资质的企业承担建筑智能化工程的规模不受限制,取得二级资质的企业可承担单项合同额 1 200 万元及以下的建筑智能化工程。

(一)一级

1.企业资信

①具有独立企业法人资格。

②具有良好的社会信誉并有相应的经济实力,工商注册资本金不少于 800 万元,净资产不少于 960 万元。

③近 5 年独立承担过单项合同额不少于 1 000 万元的智能化工程(设计或施工或设计施工一体)不少于两项。

④近 3 年每年工程结算收入不少于 1 200 万元。

2.技术条件

①企业技术负责人具有不少于 8 年从事建筑智能化工程经历,并主持完成单项合同额不少于 1 000 万元的建筑智能化工程(设计或施工或设计施工一体)不少于两项,具备注册电气工程师执业资格或高级工程类专业技术职称。

②企业具有从事建筑智能化工程的中级及以上工程类职称的专业技术人员不少于 20 名。其中,自动化、通信信息、计算机专业技术人员分别不少于两名,注册电气工程师不少于两名,一级注册建造师(一级项目经理)不少于两名。

③企业专业技术人员均具有完成不少于两项建筑智能化工程(设计或施工或设计施工一体)的业绩。

3.技术装备及管理水平

①有必要的技术装备及固定的工作场所。

②具有完善的质量管理体系,运行良好。具备技术、安全、经营、人事、财务、档案等管理制度。

(二)二级

1.企业资信

①具有独立企业法人资格。

②具有良好的社会信誉并有相应的经济实力,工商注册资本金不少于 300 万元,净资产不少于 360 万元。

③近 5 年独立承担过单项合同额不少于 300 万元的建筑智能化工程(设计或施工或设计施工一体)不少于两项。

④近 3 年每年工程结算收入不少于 600 万元。

2.技术条件

①企业技术负责人具有不少于 6 年从事建筑智能化工程经历,并主持完成单项合同额不少于 500 万元的建筑智能化工程(设计或施工或设计施工一体)不少于 1 项,具备注册电气工程师执业资格或中级及以上工程类专业技术职称。

②企业具有从事建筑智能化工程的中级及以上工程类职称的专业技术人员不少于 10 名,其中,自动化、通信信息、计算机专业人员分别不少于 1 人,注册电气工程师不少于两名,二级及以上注册建造师(项目经理)不少于两名。

③企业专业技术人员均具有完成不少于 2 项建筑智能化工程(设计或施工或设计施工一体)的业绩。

3.技术装备及管理水平

①有必要的技术装备及固定的工作场所。

②具有完善的质量管理体系,运行良好。具备技术、安全、经营、人事、财务、档案等管理制度。

建筑智能化工程设计与施工资质证书如图 1-3-1 所示,取得资质的企业,可从事各类建设工程中的建筑智能化项目的咨询、设计、施工和设计与施工一体化工程,还可承担相应工程的总承包、项目管理等业务。

图 1-3-1　建筑智能化系统设计专项资质证书(甲级)

智能化系统工程包括:①综合布线及计算机网络系统工程;②设备监控系统工程;③安全防范系统工程;④通信系统工程;⑤灯光、音响、广播、会议系统工程;⑥智能卡系统工程;⑦车库管理系统工程;⑧物业管理综合信息系统工程;⑨卫星及共用电视系统工程;⑩信息显示发布系统工程;⑪智能化系统机房工程;⑫智能化系统集成工程;⑬舞台设施系统工程。

由于该资质已经取消,其申请流程及申请所需材料等知识,本书不再讲解。

二、楼宇智能化系统集成设计人员:弱电工程师

弱电工程师(Milliampere man)是指从事通信、监控、安防等的硬件工程师,如图 1-3-2 所示。涉及的工程体系主要包括:电视信号工程,如电视监控系统、有线电视;通信工程,如电话;智能消防工程;扩声与音响工程,如小区的中背景音乐广播、建筑物中的背景音乐,以及主要用于计算机网络的综合布线工程。

弱电工程师工作内容包含以下几个方面:

图 1-3-2　弱电工程师证书(样本)

①组织弱电图纸会审,工程施工设计及施工方案的讨论和审定。

②编制强弱电招标技术规格文件,并负责汇总各部门的评审意见。

③协调并审核前期弱电施工方案及施工图设计,提供弱电工程或设备招标工作的技术支持。

④开展项目现场的强弱电工程的管理,包括进度、质量、安全、投资的控制管理工作和竣工的交付工作。

⑤参与弱电相关器械、材料的选型及进场材料的验收工作。

⑥进行设计过程中弱电方面的设计质量和设计进度的监控。

⑦负责施工现场弱电工程的质量、进度等的监督与控制。

⑧协调弱电施工工程中的总包、监理及设计、施工单位等多方关系。

⑨参与审查竣工资料和对单位工程初验和竣工验收。

三、弱电工程师申报条件

弱电工程师与其他类工程师职称的取得有所不同,其他类工程师职称的取得要经过国家规定的有关考试,考试合格后方可获得,而弱电工程师职称的获得暂无国家规定的有关考试。其评定的办法一般是:当从事弱电工程的工作人员具备一定的弱电工作经历,可由所在单位推荐或自行到当地人事部门申请,经人事主管审评通过后即可获得。

申报时,要满足以下条件:

(1)高级智能建筑弱电工程师(具备以下条件之一者)

①连续从事本职业工作 10 年以上,高中以上学历。

②连续从事本职业工作 8 年以上,专科以上学历。

③连续从事本职业工作 6 年以上,本科以上学历。

(2)中级智能建筑弱电工程师(具备以下条件之一者)

①连续从事本职业工作 8 年以上,高中以上学历。

②连续从事本职业工作 6 年以上,专科以上学历。

③连续从事本职业工作 4 年以上,本科以上学历。

(3)初级智能建筑弱电工程师(具备以下条件之一者)

①连续从事本职业工作 4 年以上。

②连续从事本职业工作两年以上,专科以上学历。

四、楼宇智能化系统集成设计企业人事架构

企业组织结构是进行企业流程运转、部门设置及职能规划等最基本的结构依据,是一种决策权的划分体系以及各部门的分工协作体系。一般来说,企业组织架构设计没有固定的模式。根据企业技术特点及内外部条件的不同,建筑智能化系统集成设计公司的人事架构不尽相同,但基本的岗位设置相差不大,如图 1-3-3 所示为某公司的人事组织架构,通过该组织架构图可以查看与组织架构关联的职位、人员等信息。

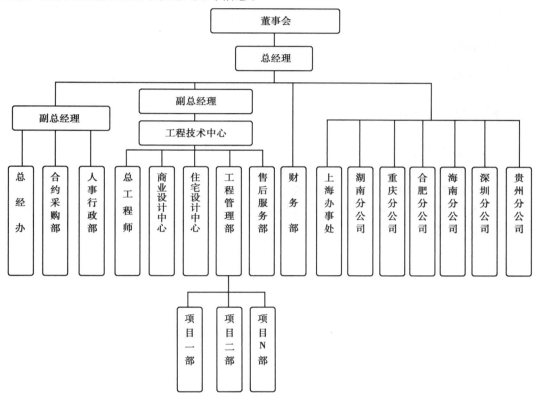

图 1-3-3　某系统集成设计公司组织架构

 任务实施

一、任务提出

参观楼宇智能化系统集成设计公司,写出针对参观企业的分析报告。

二、任务目标

①熟悉楼宇智能化系统集成设计公司的运作流程。
②了解楼宇智能化系统集成设计公司的人事架构及岗位设置。

③了解楼宇智能化系统集成设计公司对员工的技能及素养要求。

三、实施步骤

①由教师提前与合作楼宇智能化系统集成设计公司负责人联系,确定参观时间。
②由公司人力资源负责人介绍公司的人事架构及岗位设置。
③由公司设计部负责人介绍技术人员所必备的技能和素养要求。
④将学生分组,跟随公司设计人员,前往各部门进行跟踪学习。
⑤全体学生集中,与公司负责人交流,讨论参观感想。

四、任务总结

书写参观报告,画出参观公司的人事架构图。利用两个课时的时间,讨论参观感想。

 思考与练习

1.列表对比楼宇智能化系统集成设计公司的资质要求。
2.简述如何创办一家智能化系统集成设计公司。
3.简述智能建筑弱电工程师的工作内容。
4.扮演不同角色,模拟演练智能化系统集成设计公司各部门、各岗位的工作,每个角色写下自己的工作职责。

项目二
通信网络系统（CA）的集成设计

智能建筑中的信息通信网络系统主要包括语音通信系统、数据通信系统、图文通信系统、卫星通信系统以及数据微波通信系统等，如图 2-0-1 所示。由于 OA 系统与 CA 系统密切相关，因此本系统图综合了 CA 系统和 OA 系统。信息通信系统发展的方向是综合业务数字网。综合业务数字网具有高度数字化、智能化和综合化能力，它将电话网、电报网、传真网、数据网和广播电视网、数字程控交换机和数字传输系统联合起来，以数字方式统一，并综合到一个数字网中传输、交换和处理，实现信息收集、存储、传送、处理和控制一体化。用一个网络就可以为用户提供电话、传真、可视图文、会议电视、数据通信、移动通信等多种电信服务。

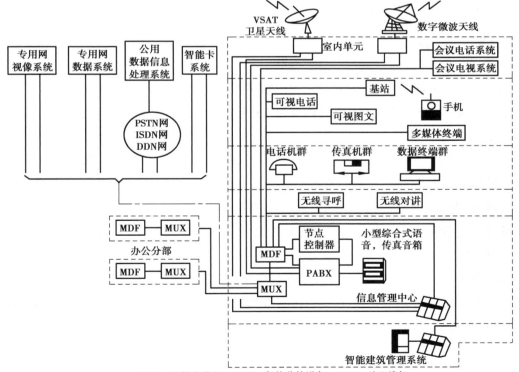

PABX：程控交换机；MUX：复接分接设备；MDF：总配线架

图 2-0-1　信息通信系统的基本构成

29

该酒店通信网络系统(CA)包括综合布线系统、计算机网络系统、语音通信系统、有线电视系统、视频会议系统、公共广播系统等。

任务一 综合布线系统的设计

教学目标

终极目标:会进行综合布线系统的集成设计。

促成目标:1.会撰写综合布线系统设计方案。

2.会绘制综合布线系统图。

3.会选择合适的综合布线产品。

工作任务

1.设计综合布线系统(以某酒店为对象)。

2.完成综合布线系统设备选型。

相关知识

综合布线系统是建筑物或建筑群内的传输网络,是建筑物内的"信息高速路"。它包括建筑物到外部网络或电话局线路上的连接点与工作区的话音和数据终端之间的所有电缆及相关联的布线部件。

按照 GB 50311—2016《综合布线系统工程设计规范》国家标准规定,一般把综合布线系统工程按照以下 7 个部分进行分解:工作区子系统、水平子系统、垂直子系统、建筑群子系统、设备间子系统、进线间子系统和管理间子系统,如图 2-1-1 所示。

综合布线系统就是用数据和通信电缆、光缆、各种软电缆及有关连接硬件构成的通用布线系统,如图 2-1-2 所示,是能支持语音、数据、影像和其他控制信息技术的标准应用系统,为办公提供信息化、智能化的物质介质。综合布线系统是智能建筑快速发展的基础和需求,没有综合布线技术的快速发展就没有智能建筑的普及和应用。综合布线也是物联网、数字化城市的基础,还是建筑物的基础设施。

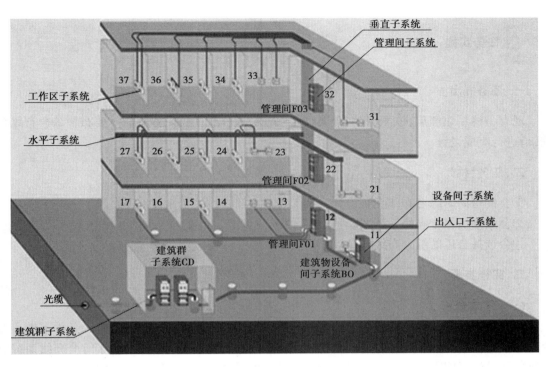

图 2-1-1 综合布线系统结构图

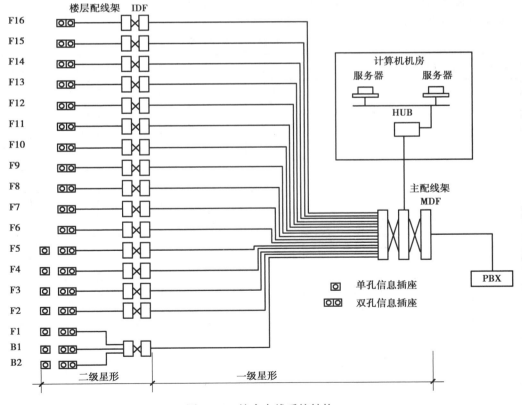

图 2-1-2 综合布线系统结构

任务实施

一、任务提出

现有一栋新建酒店,该酒店共 22 层(地下 1 层,地上 21 层)。本酒店需要布置综合布线系统,请进行集成设计。

二、任务目标

①会撰写酒店综合布线系统设计方案。
②会画酒店综合布线系统图。
③会选择合适的综合布线产品。

三、实施步骤

(一)需求分析

综合布线系统把智能化酒店内的通信、计算机和各种设备及设施,在一定的条件下纳入综合布线系统,相互连接形成完整配套的整体,以实现高度智能化的要求。由于综合布线系统能适应各种设施当前需要和今后发展,具有兼容性、可靠性、使用灵活性和管理科学性等特点,因此它是智能化酒店能够保证优质高效服务的基础设施之一。

本酒店项目网络信息点数量统计见表 2-1-1。

表 2-1-1　信息点数量统计表

序号	楼层	位置	数量	数据点	语音点	双口面板	单口面板
1	1 层	前台	1	4	4	2	
		侧门前台	1	1	1	1	
		前台办公	1	3	1	3	1
		值班	3		3	3	
		行李间	1	1	1	1	
		商务中心	1	4	1	2	1
		货梯候梯厅	1				
		客梯候梯厅	1				
		餐厅	1	1	2	2	
		大堂休息区	1	4	1	2	1
		超市	1	1	1	1	
		空调机房	1	1	1	1	
		消防控制室	1	1	1	1	
		办公室	3	15	15		
		小　计		36	32	19	3

续表

序号	楼 层	位 置	数 量	数据点	语音点	双口面板	单口面板
2	3层	休息厅	1	4		2	
		台球室	1		1		1
		乒乓球室	1		1		1
		羽毛球室	1		1		1
		电梯厅	1				
		候梯厅	1				
		健身房	1		1		1
		医务室	1	1	1	1	
		男更衣室	1				
		女更衣室	1				
		小 计		5	5	3	4
3	3层	货梯候梯厅	1				
		客梯候梯厅	1				
		1#客房	4	4	8	4	4
		2#客房	32	32	64	32	32
		3#客房	2	2	4	2	2
		4#值班室	2	4	4	4	
		工具间	1				
		弱电间	1		1		1
		配电间	1		1		1
		小 计		42	82	42	40
4	4~21层的每层	货梯候梯厅	1				
		客梯候梯厅	1				
		1#客房	4	4	8	4	4
		2#客房	32	32	64	32	32
		3#客房	2	2	4	2	2
		4#值班室	2	4	4	4	
		工具间	1				
		弱电间	1		1		1
		配电间	1		1		1
		小 计		42	82	42	40

续表

序号	楼 层	位 置	数 量	数据点	语音点	双口面板	单口面板
5	负1层	锅炉间	1		1		1
		水泵间	1		1		1
		热水加压泵房	1		1		1
		消防加压泵房	1		1		1
		景观预留泵房	1		1		1
		移动通信机房	1	1	1	1	
		固定通信机房	1	1	1	1	
		自助洗衣房	1	1	1	1	
		给水加压泵房	1		1		1
		新风机房	3		3		3
		工具间	1		1		1
		报警阀间	1		1		1
		数据网络机房	1	4	2	2	2
		会议室	1	20	4		24
		办公室	8	48	48	48	
		工程办公室	1	6	6	6	
		工程库房	1	1	1	1	
		工程总监办公室	1	1	1	1	
		接待室	1	1	1	1	
		维修室	1	4	4	4	
		培训室	2	32	8	8	24
		人事部	2	12	12	12	
		库房	5		5		5
		男、女更衣室	4				
		洗衣房	1		1		1
		通风机房	2		2		2
		收发室	2	2	2	2	
		采购室	2	2	2	2	
		员工厨房	1		1		1
		员工食堂	1	4	6		10

续表

序号	楼层	位置	数量	数据点	语音点	双口面板	单口面板
5	负1层	食材仓库	1		1		1
		变配电室	2		2		2
		货梯候梯厅	1				
		客梯候梯厅	1				
		控制室	1	1			1
		制冷机房	1	1			1
		柴油发电机房	1	1			1
		值班室	4	4	4		4
		车库管理	1	1	1		1
		燃气计量间	1	1	1		1
小　计				146	132	90	92

（二）方案设计

酒店信息点高度密集，铜缆信息点数为 2 712 点，根据 TIA/EIA568-A《商业大楼通信布线标准》水平线独立应用的原则，该系统采用端到端全六类配置。这种配置具有较高的性能价格比，同时系统应用也具有互换性，对于高速网络、语音、多媒体等系统应用可灵活互换，互为备份，既考虑到系统投资的经济性又兼顾到将来的网络宽带化发展需求。室内铜缆干线采用三类 50 对、100 对等大对数电缆作为语音主干线；室内主干采用室内 6 芯多模光缆。

一般酒店布线系统由工作区子系统、水平子系统、管理间子系统、垂直（干线）子系统及设备间子系统 5 个子系统构成，如图 2-1-3 所示。方案设计充分考虑了高度的可靠性、高速率传输特性、灵活性及可扩充性。

1.工作区子系统

工作区设备包括单口英式面板、双口英式面板、六类模块、六类铜缆条线等，本酒店智能化项目数据信息点 985 个，语音点 1 727 个。系统对各楼层工作区子系统的 UTP 信息插座均采用国标 86 型预埋盒或地插座配单、双孔面板安装，安装方法及要求如图 2-1-4 所示。对于特殊地点及计算机房的插座采用金属信息插座安装在地面防水插座上。

工作区的每个信息点采用六类模块，满足 V94-0 的国际阻燃标准，并配有防尘盖。每个信息插座都有嵌入式彩色图标，方便识别不同的系统应用及日后的保养维修，同时面板上留有放置标签的空间，方便填写编号。语音点的设置在子配线间通过跳线实现。

2.水平子系统

水平布线子系统是由各楼层子配线间至各个工作区子系统之间的电缆构成，也就是由各楼层的配线间到各个信息点的水平电缆构成，如图 2-1-5 所示。系统设计水平电缆的长度不超过 90 m 的距离限制，采用专用的标签机及标签纸对水平线缆进行编号。水平系统光纤点选用多模光纤。

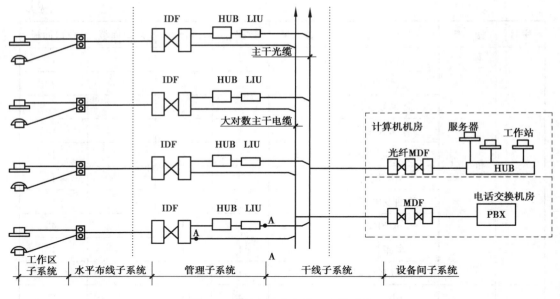

图 2-1-3　酒店综合布线 5 个子系统

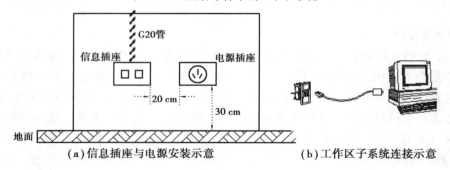

（a）信息插座与电源安装示意　　　（b）工作区子系统连接示意

图 2-1-4　工作区子系统安装示意

水平铜缆长度计算方法如下：

$$水平线平均距离 = (最远点距离 + 最近点距离)/2 \times 1.1 + 10(m)$$

$$线缆箱数 = 总点数 /(305 m/水平线平均距离) + 1$$

电缆在机柜处预留 3~6 m，在工作区预留 0.3~0.5 m。为避免意外损伤，同时为做到安全、美观，水平电缆按照招标要求均敷设在管槽内，采用预埋的暗管和出口盒。采用统一设计、统一施工的方法，以确保施工的质量。

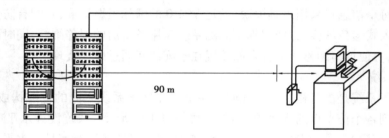

图 2-1-5　水平子系统安装示意

3.管理间子系统

管理间子系统也称为电信间子系统、弱电间子系统或子配线间,它连接水平布线子系统和干线子系统,是布线环节中很关键的一环。管理子系统的常用设备包括铜缆配线架、光纤配线架、铜缆跳线、光纤跳线、光纤适配器、耦合器、机柜等,如图2-1-6所示。

本项目管理间子系统位于酒店各楼层的弱电间,由配线架和相应的跳线组成。水平线缆全部采用六类24口机柜式配线架端接,24口机柜式配线架采用模块化设计,配有过线槽。

管理间的各类设备的布置原则为:按不同系统分类布置,方便语音系统及数据系统(或其他系统)之间的灵活互换,同时满足维护管理的需求。

图2-1-6　管理间子系统

4.垂直子系统

垂直子系统由连接设备间子系统(MDF)与各个楼层管理子系统(IDF)的垂直干线构成,如图2-1-7所示。其作用是将各楼层管理子系统的信息传送到设备间子系统(MDF),主要包括各楼层管理子系统(IDF)的语音系统连接到地下一层网络主机房(MDF)的大对数电缆;各楼层管理子系统(IDF)的数据系统连接到地下一层网络主机房(MDF)的6芯多模光缆。

5.设备间子系统

设备间(MDF)子系统是整个布线系统的中心单元,它实现对各个楼层管理间子系统汇总来的UTP和光纤的终接管理。设备间子系统的常用设备包括铜缆配线架、双绞线跳线、光纤配线盘、光纤

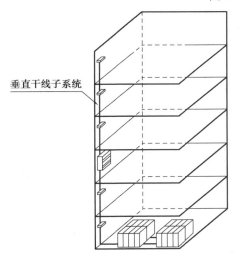

图2-1-7　垂直子系统

跳线、单模耦合器和机柜等,如图2-1-8所示。

网络机房设备间子系统采用42U的19″机柜(具体数量可根据产品特点和楼层配线间设计),主配线间采用42U的19″机柜,完全满足安装本区域用户水平UTP电缆配线架、光缆配线架等产品,并预留相关网络设备的安装位置。

根据以上项目需求分析及方案设计要求,设计本酒店网络综合布线系统图,如图2-1-9所示。

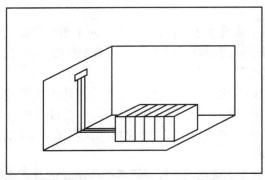

图 2-1-8　设备间子系统

（三）设备选型

1.产品选型的重要性

综合布线系统是酒店的基础设施之一，系统设备和器材的选型是工程设计的关键环节和重要内容。它与技术方案的优劣、工程造价的高低、满足业务需要的程度、日常维护管理和今后发展的要求等都密切相关。因此，从整个工程来看，产品选型具有决定性的作用，必须慎重考虑。

2.产品选型的前提条件

在综合布线系统的产品选型前，必须提出一定的前提条件作为产品选型的主要依据或参考因素。这些前提条件有一般有以下几点：

①酒店的特点、功能和环境等。

②酒店的建设规模和建设计划（包括建筑物分布、建筑楼层层数、平面布置、建筑面积、各种管线系统以及设计和施工进度等）。

③酒店近期信息需求，并估计发展变化。

3.产品选型的原则

①产品选型与酒店智能化工程实际相结合，从工程实际和干部群众的需求考虑，选用合适的产品（包括各种缆线和连接硬件）。

②选用的产品应符合我国国情和有关技术标准（包括国际标准、我国国家标准和行业标准）。所用的国内外产品均应以我国国标或行业标准为依据进行检测和鉴定，未经鉴定合格的设备和器材不在工程中使用。未经设计单位同意，不以其他产品代用。

③近期和远期相结合。根据近期的需要，适当考虑今后信息种类和数量增加的可能，预留一定的发展余地。按照信息特点和客观需要，结合大楼实际，采取统筹兼顾、因时制宜、逐步到位、分期形成的原则。在具体实施中，考虑综合布线系统的产品尚在不断完善和提高，注意科学技术的发展和符合当时的标准规定，不完全以厂商允诺保证的产品质量期限来决定是否选用。

④符合技术先进和经济合理相统一的原则。目前我国已有符合国际标准的通信行业标准，对综合布线系统产品的技术性能应以系统指标来衡量。在产品选型时，我们所选设备和器材的技术性能指标都高于系统指标，这样在工程竣工后，完全保证满足全系统技术性能指标。

根据以上要求,本书所讲述的酒店智能化项目布线产品选用德国 KONRE ADC 品牌的产品。

KRONE ADC 集团是一个电信网络与专业布线的生产厂商。1928 年创立于德国柏林。70 多年来以卓越的产品、宽广的销售体系、优良的服务使 KRONE 成为世界闻名的跨国电信集团,至今在全球拥有 30 家子公司,总部位于德国柏林,在英国、美国、澳大利亚等国设有工厂。

KRONE 集团生产的产品系列包括:

①各种信息插座、跳线盘、接线模块等。

②规格齐全的铜缆与光纤电信公共网络系统。

③KRONE 智慧型大厦综合布线系统。

④无线接入网系统。

⑤电力快速连接系统。

ADC 集团开发的全新 PremisNET™ 结构化综合布线系统,符合 TIA/EIA568A,TIA/EIA568B 和 ISO/IEC11801 等国际标准,并取得 UL,CSL 和 ISO 等国际认证机构的质量证书,系统产品的参数均大大超过相关标准要求。KRONE 集团生产的数据和语音布线系统产品是以设计先进、工艺精良、材料优质而著称,从设计、采购到生产,安装到测试,公司都有一套严格的程序,并获得国际认可的 ISO9001 质量证书。我国采用 KRONE 通信公共网络设备(MDF,ODF,DDF,CCC)已达数千家。证明了 KRONE 公司的质量体系、价格体系、服务体系齐全且优良,可以充分保证工程项目的质量标准。

四、任务总结

①综合布线工程是酒店智能化系统的重要部分,保证通信网络正常运行的重要基础,本次设计任务建议利用 8 个课时完成。

②建议分组实施任务,3～4 人为一组,共同完成本项目。

③项目任务完成后,要进行任务成果分享。每一组都要讲解其实施过程、完成结果,由教师进行点评。

④任务结束后,学生要完成相应的实训报告书。

 思考与练习

1.简述酒店综合布线系统的组成。

2.总结综合布线系统集成设计的步骤。

3.上网进行资料检索,列写市面上网络综合布线产品所有的品牌。

4.上网进行资料检索,简述综合布线的好坏是否会影响上网速度。

5.上网进行资料检索,列写综合布线相关的国家标准。

6.简述按 T568B 标准制作网线的方法及步骤。

任务二 计算机网络系统的设计

教学目标

终极目标:会进行计算机网络系统的集成设计。
促成目标:1.会撰写计算机网络系统设计方案。
　　　　　2.会绘制计算机网络系统图。
　　　　　3.会选择合适的网络交换机。

工作任务

1.设计计算机网络系统(以某酒店为对象)。
2.完成计算机网络系统设备选型。

相关知识

计算机网络系统集成(Computer Network System Integration)是指通过结构化的综合布线系统和计算机网络技术,将各个分离的设备(如个人计算机)、功能和信息等集成到相互关联的、统一和协调的系统之中,使资源达到充分共享,实现集中、高效、便利的管理。系统集成应采用功能集成、网络集成、软件界面集成等多种集成技术。

计算机网络系统的核心设备是网络交换机。网络交换机能扩大网络,能为子网络中提供更多的连接端口,以便连接更多的计算机。随着通信业的发展以及国民经济信息化的推进,网络交换机市场呈稳步上升态势。它具有性能价格比高、高度灵活、相对简单、易于实现等特点。因此,以太网技术已成为当今最重要的一种局域网组网技术,网络交换机也就成为了最普及的交换机。网络交换结构最著名的3层划分分别是:核心层(Core layer)、汇聚层(Distribution layer)和接入层(Access layer),如图2-2-1所示,图中IRF指虚拟交换技术。

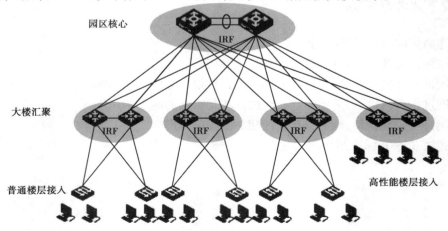

图 2-2-1　网络交换 3 层结构

任务实施

一、任务提出

现有一栋新建酒店,该酒店共22层(地下1层,地上21层)。本酒店需要安装先进的计算机网络系统,请进行集成设计。

二、任务目标

①会撰写酒店计算机网络系统设计方案。
②会画酒店计算机网络系统图。
③会选择合适的网络交换机。

三、实施步骤

(一)需求分析

酒店网络中,绝大多数为客户终端机,同时有少量主要针对楼内的网络资源服务,例如FTP,BBS,视频广播等。网络应用的主要类型有:WWW浏览、FTP文件传输、收发电子邮件、在线视频转播和收看、多媒体课件、电子商务客户端、文件共享等。

酒店网络的用户分为普通终端用户(客房)和服务用户(酒店管理)两类,如图2-2-2所示。普通终端用户的网络应用又分为实时和非实时两种。实时网络应用中对传输带宽需求最大的是实时视频传输。对于非实时网络应用,尤其是文件传输类的应用,带宽越大越好。对于服务用户其所需带宽越大越好,但此时的瓶颈往往是服务器的其他硬件处理能力,如CPU、内存、硬盘、数据库访问速度等。

(二)方案设计

1.总体设计

主机房设在地下一层网络机房,综合布线系统采用星形拓扑结构为主,水平布线采用超六类电缆,网络采用二层结构,接入交换机必须提供可支持上联的千兆端口,以提供可扩展性,并保证100 M到用户桌面,经汇聚后以千兆带宽通过多模光纤上联主干网络。本系统需数据信息点985个,语音信息点1 727个,见表2-2-1。

表2-2-1　该酒店信息点数量

配线间	楼层	数据	语音	24口交换机	48口交换机
IDF1	负1层	146	132	1	3
IDF2	1层	36	32		1
IDF3	2层	5	5	1	
IDF4	3层	42	82		1
⋮	⋮	⋮	⋮		⋮
IDF22	21层	42	82		1
	总计	985	1 727	2	23

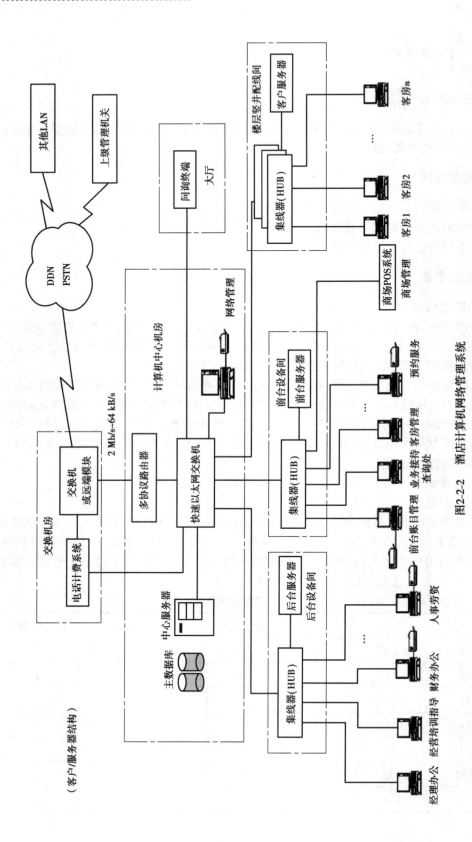

图2-2-2 酒店计算机网络管理系统

2.网络结构设计

酒店网络系统采取二层拓扑结构设计,如图 2-2-3 所示。酒店内部局域网与外网之间使用一台防火墙隔离,主要是核心节点通过防火墙与 Internet 互联。网络体系结构要求采用 TCP/IP 体系结构。网络需支持 IPv6,建设一个支持 IPv4/IPv6 的双协议栈网络。机房网络中心(设备间子系统)采用千兆无阻塞交换机 BitStream7505(比威网络),各楼层弱电间(管理间子系统)采用具有先进深度感知技术(SFLOW 技术),支持 IPv6,自带堆叠模块,拥有 4 个千兆口的 24/48 口接入交换机 BitStream3228TGS/BitStream3252TGS(比威网络)。

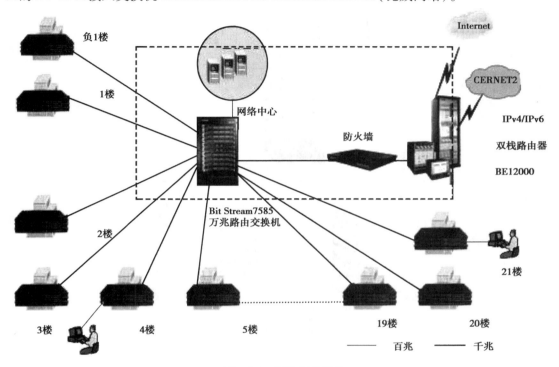

图 2-2-3　网络拓扑结构

网络核心层的功能主要是实现骨干网络之间的优化传输,骨干层设计任务的重点通常是冗余能力、可靠性和高速的传输。根据楼层综合布线的分配线间,将交换机采取混合堆叠的方式,可以满足密集用户的接入,并且提供高的性能:ACL(访问控制列表,L2-L4)、堆叠、集群、Private VLAN(私有 VLAN)、802.1x(基于 Client/Server 的访问控制和认证协议)、Sflow(一种网络监测技术)、组播、丰富的 QoS(Quality of Service,服务质量)控制功能、带宽限制、广播风暴抑制等。酒店网络接入层结构采用星形,辅以堆叠形。

网络接入层的拓扑结构主要有星形和堆叠形,如图 2-2-4 所示。星形:要求连接数多,对 L2 交换机要求低(成本低),不易产生带宽瓶颈;堆叠形:节省连接数,L2 交换机成本高,上联链路处易成为瓶颈。接入层设备即是提供接入服务,它将最终用户连接到网络上。接入层设备普遍部署在楼宇设备间,由于设备数量多,利用率高,因此要求接入设备具有很高的稳定性和可靠性。本酒店大楼内信息点数较多,考虑采用 24/48 口可堆叠高性能二层交换机。优先考虑采用 48 口高性能二层交换机,如有不足 24 的尾数,采用 24 口高性能二层交换机。24/48 口可堆叠高性能二层交换机通过大楼布设的超五类双绞线 10/100 Mb/s 自适应端口下联到用户的桌面,通过端口或者 ACL 来控制用户的流量。

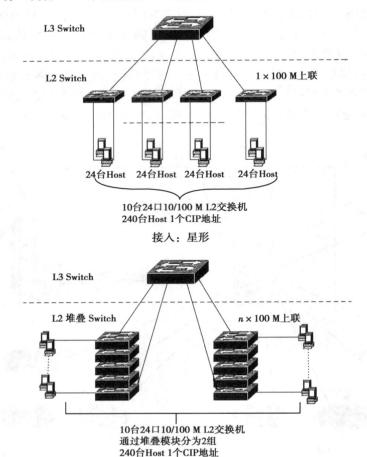

图 2-2-4　网络接入层拓扑结构

3.网络功能设计

（1）VLAN

虚拟局域网（VLAN）是一组逻辑上的设备和用户,这些设备和用户并不受物理位置的限制,可以根据功能、部门及应用等因素将它们组织起来,相互之间的通信就好像它们在同一个网段中一样,由此得名虚拟局域网。VLAN 是建立在各种交换技术基础之上的。所谓交换实质上只是物理网络上的一个控制点,它由软件进行管理,因此允许用户利用软件功能灵活地配置资源,管理网络。利用交换设备中的 VLAN 功能,不必改变网络的物理基础,即可重新配置网络。

VLAN Trunk（虚拟局域网中继技术）的作用是让连接在不同交换机上的相同 VLAN 中的主机互通。主要是通过一条高速全双工通道（200/2 000 Mb/s）来实现将一个 LAN Switch 端口所划分的不同 VLAN 与其他 LAN Switch 中各自相应的 VLAN 成员进行线路复用连接。VLAN Trunk 技术的采用,既节省了信道数据量,又提高了可靠性,并便于管理及方便连接,提高了整个网络吞吐量和性能指标。

（2）QoS 控制

QoS（Quality of Service，服务质量）指的是报文传送的吞吐量、时延、时延抖动、丢失率等性能。QoS 在酒店网中的应用一般包括：①基于视频的应用，包括酒店视频点播系统、酒店会议直播系统、酒店课件、远程教学等视频应用的保证。②基于语音的应用，包括校园广播系统、IP 电话、数字公告系统等。

核心交换机支持的 QoS 特征：①带宽限制：能够针对物理端口或者不同的用户分配不同的带宽，实现对合理的分配网络资源。②IEEE802.1P 优先级：交换机支持基于优先级的调动算法，可以为不同优先级的用户提供不同的服务等级，支持 802.1p 的优先级探测。③VLAN ID。④802.1q 标记插入。⑤DIffServ（区分服务）。⑥TOS（服务类型）/DSCP（差分服务代码点）优先级。⑦DSCP 识别。

（3）流量和带宽管理

酒店网络使用双出口，流量指标影响着双出口带宽的选择。流量情况是网络性能的重要指标，通过对流量的监控和分析，有利于酒店对网络设备进行分析比较，为未来的网络建设提供基础分析数据。流量情况也是网络健康状况的晴雨表，分析流量状况可以对网络攻击行为、病毒等网络安全事件进行预防和处理，甚至可以防患于未然。本酒店所采用的网络交换机（比威网络）的 BAMS 系统支持即时流量统计和分析，可以为酒店运营提供科学的分析，为网络的扩容提供历史统计数据。该系统可以根据用户的实际使用情况分配带宽，能够隔离用户由于病毒造成的网络阻塞，保证网络的正常使用。

（4）可靠性设计

系统故障将会导致酒店网运行的中断，妨碍酒店正常教学等活动的进行，这就要求系统具有高度的可靠性。提高系统可靠性主要有 3 个方面的措施：①设备高可用性，汇聚 L3 交换机具有高可用性指标。汇聚换机分别有两条链路上联到核心交换机，当一条链路发生故障时，不会导致连接中断。②链路冗余，利用汇聚和核心之间的多条链路实现。接入交换机具有多个千兆端口，根据需要，接入交换机和汇聚交换机之间可以采用千兆端口聚合技术，通过将两条物理链路整合成一条逻辑链路，实现增大带宽和链路冗余的功能。③协议可靠性，利用动态路由协议的 ECMP（等价路由）及 VRRP（虚拟路由冗余协议）特性。

（5）网络安全性设计

核心交换机具有关键硬件冗余，同时具有丰富的安全特征和抗拒绝服务的强大功能。接入交换机安全特征包括支持端口安全、端口与 MAC 地址绑定、广播风暴控制、802.1x 和 Radius（远程用户拨号认证系统）等，其硬件支持 ACL，通过 ACL 功能可以对不健康网站或者政治反动网站以及楼内关键资源如财务系统信息等进行过滤。

根据设计方案及网络功能要求，画出酒店的计算机网络系统图，如图 2-2-5 所示（见书后附图）。

（三）设备选型

网络交换机的品种非常多，大到电信部门的核心交换机，小到几十块钱的 SOHO 交换机，各个价位、各种用途的交换机产品层出不穷。也正是因为交换机产品的用途和价位的广泛性，造成了我们选购交换机的迷茫，到底我们的网络需要什么档次的交换机？一般来说，决定交换机设备选型的因素有以下几点：

①客户自身的网络应用需求。例如，是仅需要数据通信，还是要数据、语音、视频一起通信。

②网络的技术性能需求。例如,项目工程是否需要千兆交换主干,是否需要快速以太网交换,是否需要 QoS 控制,是否需要 VLAN 路由,是否需要端口认证,是否需要带宽限制等。

③最优性价比。

综合以上因素,本酒店项目交换机选型如下:

①核心交换机选择比威网络 BitStream7505 机箱式硬件三层交换机,如图 2-2-6 所示。该交换机是针对大型网络汇聚、中小型网络核心等情况推出的高性能的机箱式 L2/L3/L4 交换机。采用全模块化,具有高密度端口,可提供 240 G 的交换容量,5 个扩展插槽,可根据用户的需求灵活配置,灵活构建弹性可扩展的网络。BitStream7505 交换机产品提供强大的交换和路由功能,可与比威网络各系列交换机配合,为用户提供完整的端到端解决方案,是大型网络核心骨干交换机的理想选择。

图 2-2-6　BitStream7505 三层交换机

②接入层交换机使用网络端口密集的比较高的可堆叠 BitStream3228/3252TGS 交换机。比威网络推出的 BitStream3228/52TGS 是一款可堆叠的高性能工作组或者边缘交换机,如图 2-2-7所示。本交换机能够提供 24/48 个固定的 10/100Base-TX 接口,提供两个千兆 10/100/1000Base-T 端口,以及两个 Combo 端口(两个 10/100/1000Base-T 和两个 SFP 插槽),可选用单、多模千兆 SFP 模块。BitStream3228/52TGS 固定端口可以自动识别正反线,可堆叠、可网管,并且拥有完整的功能特性,以及增强的认证功能。与比威网络公司其他产品组合,可以为用户提供完整的网络解决方案。

图 2-2-7　BitStream3228/3252TGS 交换机

四、任务总结

①计算机网络工程是酒店智能化系统的重要部分,本次任务较复杂,建议利用16课时完成。

②建议分组实施任务,3~4人为一组,共同完成本项目。

③项目任务完成后,要进行任务成果分享。每一组都要讲解其实施过程、完成结果,由教师进行点评。

④任务结束后,学生要完成相应的实训报告书。

 思考与练习

1.简述计算机网络系统的组成。

2.现有一住宅小区需安装计算机网络系统。简述住宅小区网络需求与酒店网络需求的不同之处。

3.总结计算机网络系统集成设计的步骤。

4.上网进行资料检索,列写市面上所有的网络交换机品牌。

5.上网进行资料检索,列写计算机网络系统相关的国家标准。

6.利用CAD绘制计算机网络系统图时,需用到哪些命令?

7.假如你是酒店业主方,如何选择每个公司设计的计算机网络系统方案?

任务三　语音通信系统的设计

 教学目标

终极目标:会进行语音通信系统的集成设计。

促成目标:1.会撰写语音通信系统设计方案。

　　　　　2.会绘制语音通信系统图。

　　　　　3.会选择合适的程控交换机。

 工作任务

1.设计语音通信系统(以某酒店为对象)。

2.完成语音通信系统设备选型。

 相关知识

电话通信系统有3个组成部分:一是电话交换设备;二是传输系统;三是用户终端设备。

电话交换机按其使用场合可分为两大类:一类是用于公用电话网的交换机;另一类是用户

专用电话网的交换机,简称用户交换机。公用电话网的交换机是用于用户交换机之间中继线的交换。用户交换机是机关团体、宾馆酒店、企事业单位内部进行电话交换的一种专用交换机。在智能建筑中,通信系统的控制中心其中之一是程控数字用户交换机 PABX(Private Automatic Branch Exchange)系统。

程控数字用户交换机系统的核心就是程控数字用户交换机,该交换机是以完成建筑物内用户与用户之间,以及完成用户通过用户交换机中继线与外部公用电话交换网上各个用户之间的通信。如图 2-3-1 所示为酒店程控交换系统图。

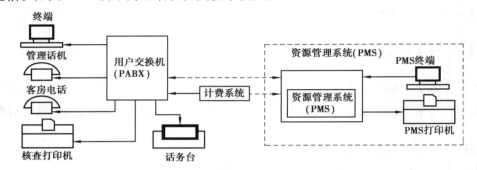

图 2-3-1　酒店程控交换系统

 **任务实施**

一、任务提出

现有一栋新建酒店,该酒店共 22 层(地下 1 层,地上 21 层)。本酒店需要安装先进的语音通信系统,请进行集成设计。

二、任务目标

①会撰写酒店语音通信系统设计方案。
②会画酒店语音通信系统图。
③会选择合适的程控交换机。

三、实施步骤

(一)需求分析

1.结构需求

程控交换机按照 1 727 门设置。接入采用 1 根 100 对大对数电缆,以及 22 根 50 对大对数电缆。同时提供内部直连线以满足传真和直拨的需求,另外配置 22 个无线接入点(AP),22 个无线终端(移动座机)。程控交换机具有显示对方号码功能,能提供语音信箱、虚拟话务台、群呼等功能。直接对用户服务的部门以及为酒店的管理人员需安装部分带有显示功能的数字话机,可将客人的分机号码以及相关信息显示在数字话机上,这样就可提高服务员对客服务质量。语音通信系统的设备需取得电信政府主管部门核发的进网许可证。

2.功能需求

（1）叫醒呼叫与客房状态信息系统

客人可通过客房电话机来设置叫醒呼叫,或通过话务员来设置叫醒呼叫。叫醒呼叫功能还可通过前台计算机终端来启动。叫醒呼叫将以客人的母语来服务,所输入的叫醒时间一到,就会叫醒客人。所有叫醒呼叫活动均会记录在案,并可从话务台或前台终端处查看详情。客人退房后,所有叫醒呼叫将会重新设置。

负责清扫客房的服务员可从客房电话机处输入客房状态信息,如正在清扫客房、客房已清扫完毕或客房无客人占用。服务员输入个人密码时,语音提示将以服务员母语发出。这样就可以避免在输入客房状态数据时发生错误。

（2）酒店语音邮箱系统

电话系统应具备向客人提供语音邮箱服务。客人入住时,系统将分给客人一个语音邮箱。该邮箱将以客人母语提供语音提示。语音邮箱系统在客人不在时收到信息的话,客房电话机留言指示灯将会发亮。邮箱的留言被清除后,指示灯将自动熄灭。如果客人更换了客房,客人更换客房后系统会将其邮箱跟随客人转到新客房,不会丢失任何信息。客人退房时,邮箱将会被重新分配,如果有任何未查看信息,前台终端将会在退房前作出提醒,并且可通过附近任一电话查看该信息。宾馆还可为常客提供存储邮箱。这样若有信息在客人入住前或在其退房后来的话,此信息仍可保留。客人无论在什么地方,只要输入访问邮箱密码就可查看此信息。

（3）宾馆呼叫计费系统

呼叫计费系统支持为每一位客人打印话费。可由用户自己选择每张单据打印的电话呼叫数量（1~5 个）。呼叫计费系统能处理客人和行政管理人员的呼出呼叫。呼叫计费系统应能对客人和行政管理人员的呼出呼叫进行不同的计费。呼叫计费系统能在日志打印机上打印出详细的话费过账交易。呼叫计费系统在进行夜间稽核的时候打印出当日的概要报表。此报表应能在进行夜间稽核时前台计算机关机的情况下生成。呼叫计费系统在夜间稽核时打印一份每日部门报表。此报表应提供各部门话费的总计。呼叫计费系统自动将客人和行政管理人员的电话和传真话费过账到前台系统。未能成功过账的交易应自动打印到日志和单据条打印机上,并应特别标注。呼叫计费系统可支持:①在线实时统计所有从客人和管理部门分机呼出的市内、国内长途（STD）和国际直拨长途（IDD）呼叫,不会造成数据丢失。②可由用户编排单据打印格式。③在线打印机状态检测和声光报警。④可由用户定义在线因特网拨入计费。⑤可由用户定义在线传真呼叫计费。⑥可由用户定义在线免费长途呼叫计费。

（4）通信服务中心

通信服务中心包含连接在 LAN 上的多个代理座席和服务器以及前台计算机系统。客人可通过拨客房电话机上的"1"号服务键来建立呼叫。服务代理一收到该呼叫,立即根据客人所提出的请求来向相关服务员发出工作指令,服务员随即就会收到信息。与此同时,客人也会被告知其请求的状态。通过前台计算机客人信息,服务代理可向客人提供优先选择。所有呼入呼叫均被收集至中央数据库。管理报表和相关统计也将会提交给管理层,以对重要事件采取措施。

（5）系统缩位拨号

您可将经常要打的电话号码编成缩号表。系统也有 16 个快拨表,每个表可有 1 000 个号码。

（6）分机缩位拨号

如您仅对某些分机采用缩位拨号方式，那么就可取机后按一代码和要缩位的分机号码，下次您要打此分机时，只要按代码就可以了，一个分机可设置 10 个。

（7）转移呼叫

取机后您按一代码及转移的分机号码，挂机后再取机听证实音，那么，凡是打到您分机上的电话就会自动转到所转移的分机上。

（8）无应答转移

取机后您按一代码及转移的固定分机号码，挂机后再取机，再按另一代码再挂机，那么，凡打到您分机上的电话，您的电话先响铃 20 s，无人接时，再转移到您设置的固定分机上。

（9）热线

热线功能用于通话特别频繁而重要的分机用户，用户可事先将此电话号码设置为热线号码，以后只需拿起分机话筒无须拨号即可呼叫此号码。可将大楼电梯间内的紧急电话设置该功能。

（10）免打扰

您只要按一代码并听到音频回铃音得到证实后，就不会有电话打进来，但您还是可以打出。

（11）遇忙回叫

当您拨打其他分机遇忙时，只要按代码听到回铃音后挂机。当对方挂机时，其电话铃就会响，对方取机后您的电话铃也会响，您取机后，即可与对方通话。

（12）无应答回叫

当您拨打其他分机听到回铃音，但无人接，您可按一代码后挂机，当对方取机再挂机时，您的电话铃便会响，您摘机后，对方铃响，对方取机即可双方通话。

（13）交替通话

具有此功能的分机用户，可同时呼出两个分机，交替与之通话，暂不通话的一方听音乐。

（14）寻线组

根据需要将一些分机编成一个寻线组，组内任何一个话机无人接时会在振铃若干秒后自动转到下一个分机。既可线性寻线，也可循环寻线。

（15）代接组

某些分机编成一个代接组，给一个代码后，则该组任一分机响铃时，组内其他分机可按此代码代接振铃分机上的电话。数字话机可直接按代答键。根据需要同样可代接组外分机。

（16）等级转换

每一分机设有两个服务等级，如内线、外线、国内长途和国际长途或定点呼叫等可根据需要进行转换，此转换可以在分机上、维护终端上或定时切换实现。

（17）送强入通知音

当等级较低的两个用户正在通话，等级较高的用户有权向他们送通知音，催促他所需要呼叫的分机用户挂机。

（18）强插

当两个分机正在通话时，等级更高的用户可强插进去告知一方挂机以便与另一方通话。

（19）多方通话

一主叫用户要同时与两个分机通话，可先叫出第一被叫，再按代码及第二被叫号码，将第二被叫呼出,再按一代码,即可3方同时通话,最多可8方同时通话(限发起方为数字话机)。若用户要求开超过8方的电话会议时,选用西门子的DAKS数字告警会议系统则可支持最多60方的会议。

(20)遇忙记存呼叫

当您拨打其他分机遇忙时,您按一代码后挂机。如您再要叫此分机时,您只要按那个代码即可,而用不着再拨被叫号码了。

(21)电话的自动跟踪

凡有用户打火警(119)、报警(110)或您认为要跟踪的电话时,可在维护终端上设置,那么,凡有这类电话时,维护终端上便会将主叫号码和通话时间打印出来。

(22)追查恶意电话

客人接到恶意电话时,如客人想把打恶意电话的人查出来,那么当客人听到对方挂机送来忙音后,即按代码,维护终端上就会将主叫号码和通话时间打印出来。

(23)婴儿电话

在酒店里,当一位客人要离开而需将他的婴儿放在房间时,在同一饭店的PABX范围内,客人可用其他机通过拨一特殊代码控制婴儿所在的房间。当在饭店房间的分机上拨一特殊的代码(如果需要,可选择使用识别码,以防止误用)时,这个功能就启用了。电话手柄保持摘机状态放在电话旁。现在就可从饭店的其他分机拨叫该房间的电话。主叫方会听到忙音。这时,拨这个特殊的代码,房间内的电话便被接通,客人现在就可听到婴儿在房间的声音了。

(二)方案设计

1.固定电话通信

该项目语音通信系统网络拓扑图如图2-3-2所示。

通信系统与公网的连接可采用多种中继方式,系统可根据市话公网提供的条件和用户要求配置相应的中继电路板,并满足各种信令要求。

此项目配置了两块数字中继电路板,每板可支持两条PRI接口,共支持120个数字中继话路的连接。此外,还配置了4块模拟中继电路板,每板可支持8路二线反极性模拟中继接口,用于连接直线电话或传真。

话务台可访问智能数据库,提供快速有效的路由、灵活的呼叫优先权、并行呼叫显示、呼叫等待以及包括多个排队能力在内的呼入呼叫。话务台需与前台终端及信息服务器集成在一起,从而可在桌面上提供统一终端。

根据所需功能不同,客房电话机有着多种类型和样式。一般说来,电话机必须满足下列标准:重量要大、手柄线缆要长、按键空间分配要够大、数据端口、配备留言指示灯、特定面板、手柄音量可调、可兼容助听器、速拨键、单线或双线。盥洗室电话机是客房盥洗室的必需装置。盥洗室电话机必须安装在墙壁上,防蒸汽,并带留言指示灯。

2.移动通信

根据现在办公的特点,提高酒店移动办公的效率,需对程控交换机进行优化设计,利用现有计算机网络平台,增加相应配置,使用户可以将座机电话配置成移动电话一样使用。酒店管理人员可以将座机电话配置成移动式,随身携带,在酒店内任何地方均能通话。

移动办公通信系统是一款具高扩展性的无线局域网(WLAN)基础设施解决方案。利用无线控制器、接入点和融合系统使酒店实现无线通信,如图2-3-3所示。

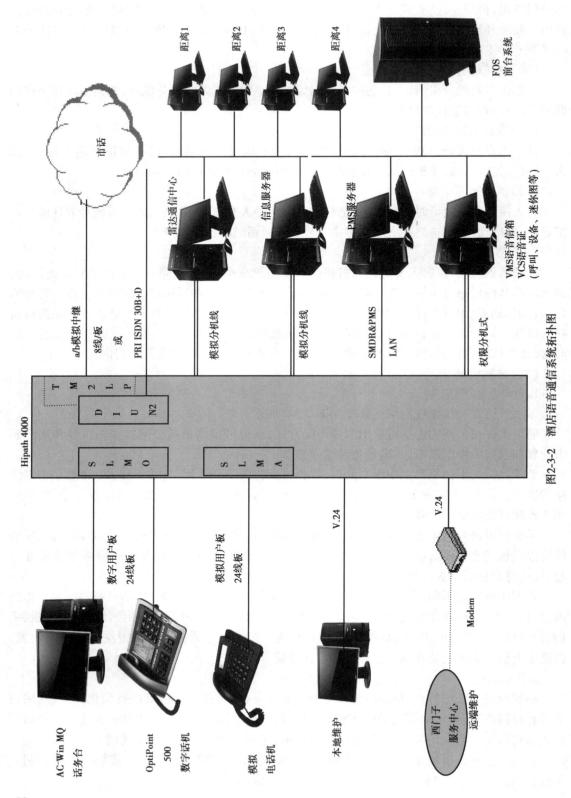

图2-3-2　酒店语音通信系统拓扑图

根据需求分析及设计方案要求,画出酒店的语音通信系统图,如图2-1-9所示(语音点)。

(三)设备选型

1.程控交换机

本酒店智能化系统使用西门子 HiPath 4000 系列程控交换机,如图2-3-4所示。西门子 HiPath 4000 系列程控交换机系统按照国际电报电话咨询委员会(CCITT)的规范和标准进行设计,技术先进、性能稳定、质量可靠、接口齐全、扩容灵活、操作方便、单机容量大。HiPath 4000 系列程控交换机是具有宽带 ISDN 交换功能的,A 律编码的全数字程控交换机。它提供了一个包括语音、数据、传真、图像等多种增值新业务的交换平台,支持各种开放的接口和标准,提供 CT(计算机电话技术)和 CTI(计算机电话综合应用)的接口。

HiPath 4000 是酒店的 IP 集成平台,可在分布式结构之上提供满足未来需求的基础结构。HiPath 4000 将语音通信系统众多功能及可靠性与基于 IP 通信结合在一起。通过 HiPath 4000,在选择、扩大规模以及提高现有与未来投资增值方面将会有无穷潜力。通过 HiPath 4000 IP 集成平台,语音和数据可在统一网络上利用固定线路、打包或结合两者来传送。

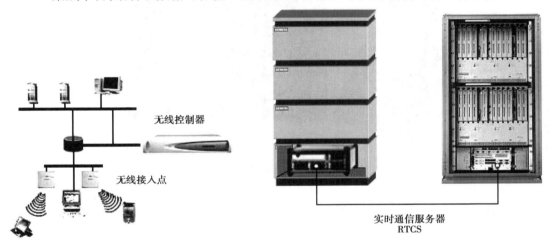

图 2-3-3　无线通信　　　　　　图 2-3-4　西门子 HiPath 4000 程控交换机

HiPath 4000 系统的 AC-Win 话务台是基于一个奔腾 PC 的话务台,根据系统容量大小和公司或组织机构的规模可安装一台或多台,在 Windows 2000 用户界面下使用方便,该话务台通过 HiPath 系统的 SLMO 数字用户板的 $U_{p/OE}$ 接口连接。

HiPath 系统为用户配置了维护操作终端(含打印机)和调制解调器,可以通过计算机串口与系统连接完成维护操作工作。

HiPath 增强型系统为一种智能解决方案,使服务前台能够涵盖通信平台功能,从而将这两种系统都集成到完全自动在线应用程序中去。可减少工作人员的工作量,并为客人提供方便。

HiPath 4000 结合了基于 IP 的创新通信优点与纯语音通信系统的可靠性及安全性。HiPath 4000 可配备 IP 网关,向桌面、网络(通过 IP Trunking)和远程接入点(通过 IP 分布式架构或 IPDA)提供 IP 电话功能。IP 集合平台可以在任何系统环境下安装。对分布式结构体系进行中央管理,从而有效地控制成本。HiPath 4000 实时 IP 系统在模块化、高可靠性和冗余的硬件架构上构建。不管系统为 120 个用户还是 12 000 个用户进行优化,HiPath 4000 呼叫控制架构同样适用。这提供了从最小系统到最大系统的无缝升级路径,无须更换常用的控制硬件、接入点或外围部分。

HiPath 4000 V2.0 具有全新的硬件架构,只有一个产品模块,可扩展到 12 000 个用户。系统含 4 个主要构件,即实时通信服务器(RTSC)、接入点(AP)、网关和工作点。

HiPath 4000 可以通过使用 ATM 接口卡 STMA(ATM 用户中继板)与 ATM 网直接相连。ATM 接口使用 STM-1 (155.52 Mb/s),光纤多模单模传输。

2.电话机

OptiPoint IP 电话机家族作为行业中最灵活的数字电话机,如图 2-3-5 所示,具有无与伦比的平台适应性。多种不同功能的话机可供宾馆选择以作不同用途。OptiPoint 500 电话的设计可以快速、简便地使用 HiPath 4000 功能。

图 2-3-5　OptiPoint IP 电话机

与显示屏相关的 3 个对话键增强了互动式用户提示功能,同时体现了操作原则的特点。此外,同步指示灯的原则可显示出已启用的功能。不同的控制功能被明确地分成几个子菜单,而且可以在显示屏上进行阅读。而且,可以通过带有编码的服务功能键直接选择所需的功能。

3.话务控制台

采用 AC-Win 增强型话务控制台。AC-Win 为话务员提供了熟悉简便的 Windows 界面,并通过改进的话务处理方式,大大提高了操作员的工作效率与客户满意度。控制台可用于评估电子电话目录 DS-Win。AC Win MQ 话务处理系统具备了多排队与来电话务平行显示的功能。AC-Win MQ 是一种基于 PC 的"高端"话务台,可访问智能数据库,从而提供快速有效的路由、灵活的呼叫优先权、并行呼叫显示、呼叫等待以及包括多个排队能力在内的呼入呼叫,改进了在高峰呼叫时间内向公司其他部门进行呼叫溢出的功能。这些能力可向客人提供更为满意的工作和服务,从而也就成为竞争优势。通过增强型软件模块,话务台能实现一系列的宾馆功能服务,包括入住、退房、免打扰设置/重设、消息等待设置/重设、叫醒呼叫设置/重设、客房呼叫禁止设置/重设、VIP 状态显示、客人信息显示、客房状态显示、服务等级转换等。此增强型软件还将提供话务台统计数据,以提高话务员的工作效率。话务台还可与前台终端及宾馆信息服务器集成在一起,从而可在桌面上提供统一终端。

4.移动通信

HiPath 移动办公通信系统是首款为企业无线和公共接入部署预设的无线 LAN 系统,完全支持所有 802.11（a/b/g）特性。HiPath 无线移动办公解决方案经由路由器连接 WLAN 至企业网络。HiPath 无线移动办公解决方案超越其他 WLAN 产品之处在于，允许根据用户实际规模部署复杂的 WiFi 和 VoFi 技术而无须集中管理、高可用性、扩展性和安全无缝的移动性等众多利益。HiPath 无线移动办公解决方案同时通过虚拟化和网络管理方式提供众多利益，允许基于客户的独特安装需求如用户规模、地理位置、部署战略和现有基础设施进行量身定制。

无线控制器和无线接入点组成的 HiPath 无线移动办公解决方案极大简化了 WLAN 的设置、管理和维护，如图 2-3-6、图 2-3-7 所示。HiPath 无线移动办公解决方案提供了一个 3 层 Layer 3 IP 路由 WLAN 体系架构。该体系架构可实施于数个子网上，而无须进行虚拟局域网配置。HiPath 无线控制器是机架式网络设备，为与现有局域网（LAN）集成而预设，可集中控制所有接入点（包括无线接入点和第三方接入点），和通过接入点管理无线设备客户端的网络分配。无线接入点是一款即插即用的无线 LAN 接入点 t（IEEE 802.11），通过独特的配套软件只能与 HiPath 无线控制器通信（一款即插即用的接入点设备 t 提供射频（RF）通信，但依赖于控制器集中管理 WLAN 组件，如进行认证），无线接入点也可完成本地处理，如加密。

图 2-3-6　HiPath 无线控制器　　　　　图 2-3-7　无线接入点

四、任务总结

①语音通信系统工程是酒店智能化系统的重要部分，语音通信系统结构相对简单，建议利用 8 个课时完成。

②建议分组实施任务，3~4 人为一组，共同完成本项目。

③项目任务完成后，要进行任务成果分享。每一组都要讲解其实施过程、完成结果，由教师进行点评。

④任务结束后，学生要完成相应的实训报告书。

 思考与练习

1.简述 IP 程控电话的工作原理。

2.简述酒店电话与写字楼电话相比有哪些不同。

3.上网进行资料检索，列写市面上程控交换机所有品牌。

4.上网进行资料检索，简述程控交换机的发展。

5.上网进行资料检索，列写语音通信系统相关的国家标准。

任务四 有线电视系统的设计

教学目标

终极目标:会进行有线电视系统的集成设计。

促成目标:1.会撰写有线电视系统设计方案。

     2.会绘制有线电视系统图。

     3.会选择合适的前端设备。

工作任务

1.设计有线电视系统(以某酒店为对象)。

2.完成有线电视系统设备选型。

相关知识

现代卫星有线电视网是指以电缆、光纤为主要传输媒介,通过卫星或天线发射向用户传送本地、远地及自办节目的电视广播数据通信系统,称为混合光纤同轴电缆网(HFC)。

光纤同轴电缆(HFC)网成为有线电视网络发展的主流,是一个集节目组织、节目传送及分配于一体,并向综合信息传播媒介的方向发展的综合性网络,提供包括图像、数据、语音等全方位的服务,如图 2-4-1 所示。为有线电视网开展增值业务、进行综合信息应用提供了重要条件。目前,我国正在大力推进计算机网络、有线电视网络与电信网络的"三网融合",光纤同轴电缆(HFC)网使三网融合成为可能。

有线电视系统由 3 部分组成:前端部分、干线部分和分配部分,如图 2-4-2 所示。前端部分的主要任务是将信号源送来的各种信号进行滤波、变频、放大、调制、混合等,使其适用于在干线传输系统中进行传输。系统的干线传输部分主要任务是将系统前端部分所提供的高频电视信号通过传输媒体不失真地传输给分配系统。其传输方式主要有光纤、微波和同轴电缆 3 种。用户分配系统的任务是把从前端传来的信号分配给千家万户,它是由支线放大器、分配器、分支器、用户终端以及它们之间的分支线、用户线组成。

任务实施

一、任务提出

现有一栋新建酒店,该酒店共 22 层(地下 1 层,地上 21 层)。本酒店需要安装先进的有线电视系统,请进行集成设计。

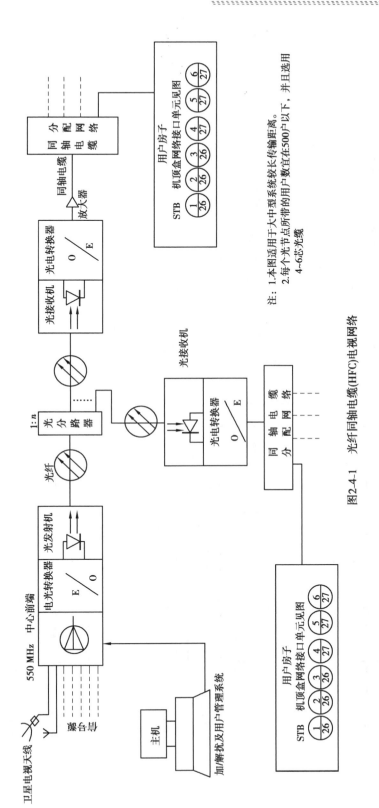

图2-4-1 光纤同轴电缆(HFC)电视网络

注: 1. 本图适用于大中型系统较长传输距离。
2. 每个光节点所带的用户数宜在500户以下,并且选用4~6芯光缆

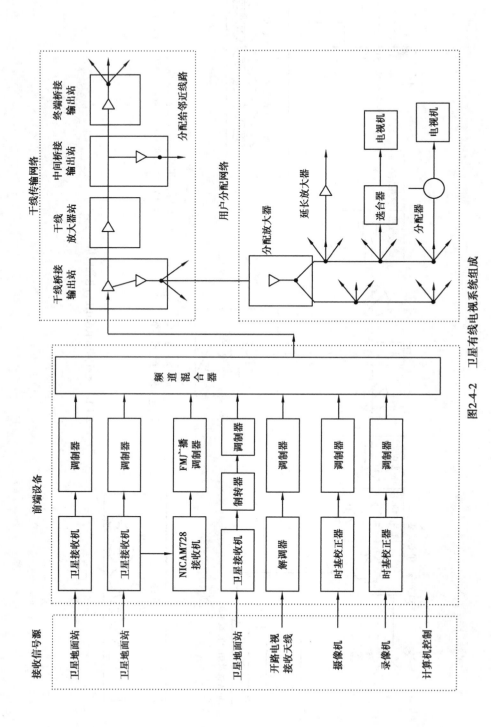

图2-4-2　卫星有线电视系统组成

二、任务目标

1.会撰写酒店有线电视系统设计方案。

2.会画酒店有线电视系统图。

3.会选择合适的前端设备。

三、实施步骤

(一)需求分析

酒店建立自己的有线电视前端(数字电视机顶盒集中管理传输系统)后,各客房电视机不需要接数字机顶盒,就可以接收50~70套以上的当地有线数字电视信号和卫星电视信号(节目酒店可以自己选择),并通过酒店有线电视网络将信号传送到每个房间的电视机,电视机直接收看,如图2-4-3所示,此方案可以使酒店大幅度降低运营成本。

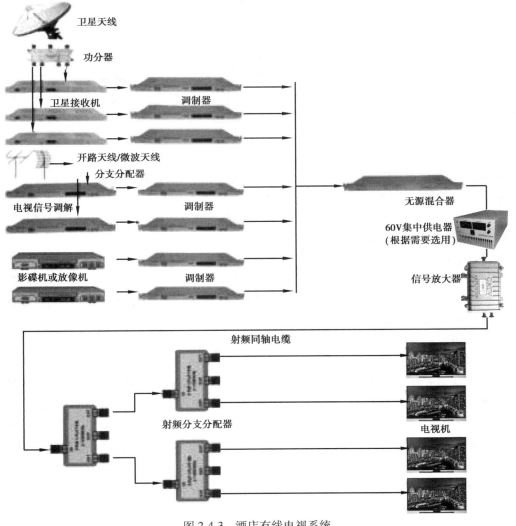

图 2-4-3　酒店有线电视系统

本项目酒店需传输 66 套以上的电视节目。其中 30 套当地数字电视节目(配 30 台数字机顶盒),30 套国内卫星电视节目和 5 套境外卫星免费电视节目(也可以根据需要上卫星收费电视节目:BBC、CNN、NHK、ESPN 等),1 套 DVD 自办节目,集中在一根同轴电缆上传输到酒店各房间(房间不受限制),房间内不需配备其他设备就可以直接收看。

(二)方案设计

1.前端部分

采用两组调制器,将卫星电视信号、DVD 信号和自办节目信号调制成射频信号,再和市有线电视信号一起接入混合器,输出到干线网络。

2.干线部分

干线部分是把前端接收处理、混合后的电视信号,传输给用户分配系统的一系列传输设备。有线电视系统采用 SYWV-75-9 同轴电缆到各楼层,楼层主干用 SYWV-75-7 铜缆,之间使用信号放大器。干线越长,信号衰减越大,而随着环境温度的变化,电缆的衰减量也变化,为了保证末端信号有足够的电平,需加入干线放大器和均衡器,以补偿电平的衰减,确保干线末端的各个频道信号电平基本都相等。

3.分配部分

有线电视前端信号经放大器进入分配网络,前端信号进入一层的分配器,再由分支干线(SYV-75-9 视频线)引至各楼层的分支器,再通过用户线(SYV-75-5 视频线)到各个终端的有线电视插座。为使系统耐老化,电缆采用物理发泡同轴电缆。CATV 系统的分支分配部分主要包括线路延长放大器、分配器、分支器和输出终端盒。根据 TV 用户分布情况和酒店大楼实际情况,对大楼分配系统进行优化设计。

分配网络采用分配分支方式,一方面可以有效地抑制放射信号;另一方面由于终端是和分配分支独立连接的,终端与终端之间不互相影响,便于维护和以后的收费管理。设计所选分支分配器均为双向,整个系统具有双向传输功能。

分配器的输出端不能开路,否则会造成输入端的严重失配,同时还会影响到其他输出端。在系统中当分配器有输出端空余时,必须接 75 Ω 负载电阻。

4.输出信号电平要求

本工程用于射频传输的电缆型号为 SYWV,它的外屏蔽层与芯线之间的介质是物理发泡材料,由于 SYWV 的传输介质密度小,因此对高频信号损耗小,可用于几百 MHz 信号的传输。本系统的多载频组合频宽为 860 MHz,有线电视系统采用高频 750 MHz,低频 48.5 MHz 传输,因此必须选用高物理发泡射频电缆。在设计每个电视 TV 点输出电平时,依据电缆损耗参数表(表 2-4-1)进行设计。

酒店有线电视用户段电平要求达到 68 dB±4 dB,图像质量达到四级以上。图像调制器输出电平 110 dB±10 dB 可调。混合器插损为 2~16 dB 可选,再根据电缆损耗表即可计算电平,当长距离传输的正向或反向信号电平低于 55 dB 时,需要分别加入正向或反向放大器。放大器的增益 22 dB±2 dB。由于正向信号是多频道组合,因此要使放大器输出电平差尽量小。

表 2-4-1　电缆损耗参数表

（长度单位 100 m,计算单位 dB）

规　格	SYWV-5	SYWV-7	SYWV-9
30 MHz	3	2	1.5
150 MHz	7.5	5.5	3.5
300 MHz	10	7	4.5
600 MHz	15	10	7

本次设计中混合器安装在负 1 层的机房,如图 2-4-4 所示(见书后附图)。1 层设置 1 个二分配器,1 路通向 1 层,1 路通向 3 层。通向 1 层的 1 路经过放大器,连接 1 个八分配器,分别通向负 1 层 3 路(连接 3 个八分配器),1 层 3 路(连接 3 个八分配器),2 层 1 路(连接 1 个八分配器),多余的 1 个接口串接 1 只 75 Ω 电阻;通向 3 层的 1 路经过放大器连接 1 个四分配器,分别通向 3,4,5,6 层,每一层都是通过 1 个八分配器再分成 6 路(多余的两个接口分别串接 1只 75 Ω 电阻),每 1 路连接 1 个八分配器。以此类推,7～10 层的放大箱置于 7 层,11～14 层的放大箱置于 11 层,15～18 层放大箱置于 15 层,19～21 层的放大箱置于 19 层。

（三）设备选型

前端机房是有线电视网络的心脏,它的运行质量,在很大程度上决定了整个有线电视网络的信号质量。而前端调制器是机房的关键设备,是关键中的关键。因此前端调制器的选择关系到全网络质量。

1.调制器

采用 PBI 全频道捷变式邻频调制器,如图 2-4-5 所示,产品主要特点如下:

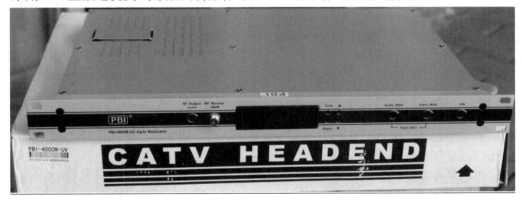

图 2-4-5　PBI 全频道捷变式邻频调制器

①单声道调器 OV35A。

②A/V 信号调制到 45-862 MHz 范围内的任一个电视频道。

③可多制式工作。

④残留侧边带调制器,频率可调,250 kHz 一步。

⑤4 个按钮的控制面板。

⑥液晶显示。

⑦音频视频接口用 5 脚 DIN-AV 插座或 BNC/Cinch。

⑧装有两条白道的测试图像发生器和附加的 1 kHz 测试管。

⑨可以安装黑白/彩色屏幕视频插件 OV61。

⑩和前端控制器 OV51A 相连接。

2.放大器

新型的 VX22 放大器是德国伟视(WISI VALUE LINE)系列的产品,如图 2-4-6 所示。VALUE LINE 放大器的设计便于大量使用带反向通路的分配放大器网络。产品主要特点如下:

①高增益,低噪声系数。

②可用跳线选择 30/36 dB 增益或 0/6 dB 斜率。

③高达 65 MHz 的灵活的反向通路。

④插入式的有源/无源反向通路模块。

⑤VX28/0300,30 MHz。

⑥VX28/0650,65 MHz。

⑦可以切换成 1 路或 2 路输出。

⑧使用级间 4 方位均衡器:XE34/606 MHz(0~10 dB);XE38/862 MHz(0~10 dB)。

⑨可变均衡器插件 XE26(606 MHz)或 XE28(862 MHz)。

⑩铝压铸外壳防溅水。

⑪节能开关电源供电。

3.用户分配放大器

采用德国伟视的 VX43A/VX44A/VX45A 室内系列(双向)862 MHz 用户分配放大器,如图 2-4-7 所示。产品主要特点如下:

(1)下行

①频率范围:47~862 MHz。

②增益:VX43:17~20 dB±1 dB;VX44:25~28 dB±1 dB;VX45:33~36 dB±1 dB。

③斜率均衡:3 dB。

④均衡 0~15 dB。

⑤衰减 0~15 dB。

⑥输出电平在 60 dB 862 MHz 时≥114 dBuV。

⑦按(EN 50083-5)。

⑧输出电平在 862 MHz 时≥98 dBuV。

⑨42 频道按 4 dB 倾斜≥100 dBuV。

(2)上行

①频率范围:5~65 MHz。

②增益:20~23 dB。

③斜率均衡:3 dB。

④衰减 0~20 dB。

⑤输出电平按(EN 50083-5)≥114 dBuV。

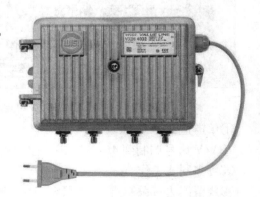

图 2-4-6　VX22 放大器

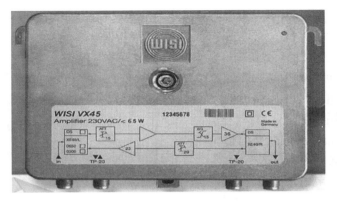

图 2-4-7　VX43A/VX44A/VX45A 室内系列(双向)862 MHz 用户分配放大器

4.宽带邻频混合器

采用迈威 MW-MX(8)8 路宽带邻频混合器,如图 2-4-8 所示。产品主要特点如下:

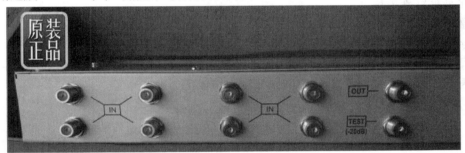

图 2-4-8　迈威 MW-MX(8)宽带邻频混合器

①频率范围:下行:750~860 MHz;上行:45~750 MHz,

②插入损耗:下行:18 dB±2.5 dB;上行:18 dB±1.5 dB。

③反射损耗:≥16 dB。

④相互隔离:≥30 dB。

5.数字卫星电视接收机

采用迈威 MW-98DR 数字卫星电视接收机,如图 2-4-9 所示。主要技术指标均符合 DVB-S/MPEG-2 标准和广电总局颁布的《数字卫星接收机(IRD)暂行技术要求》。该机具有高灵敏度的信号接收功能,具有超清晰数字画面及高保真数码立体声输出,操作简单方便。

产品主要特点如下:

①SCPC/MCPC 全兼容。

②可接收所有不加密卫星数字电视/音频节目。

③C/ku 波段兼容。

④支持双本振 LNB。

图 2-4-9　迈威 MW-98DR 数字卫星电视接收机

⑤断电记忆及自动恢复。

⑥信号强度,质量指示。

⑦高可靠开关电源交流电 100~265 V。

⑧NTSC/PAL 自动识别。

⑨电子节目指南。

⑩多频道编辑功能。

⑪用户可以编辑各种卫星和转发器信息。

⑫自动搜索新增加的卫星转发器。

⑬开机播放制定系统。

⑭具有图文功能可接收图文信息。

⑮左右声道,立体声伴音选择。

⑯RS-232 接口,软件可升级。

⑰超低门限。

⑱AV 输出。

⑲可选调制输出。

⑳全功能红外遥控。

㉑OSD 级联菜单设置。

6.分配网络无源器件

采用深圳迈威有线电视器材有限公司产的 860 MHz 各种分支分配器材,如图 2-4-10 所示为八分配器。用户终端采用双孔"TV/DP"终端盒,如图 2-4-11 所示。

图 2-4-10　迈威八分配器

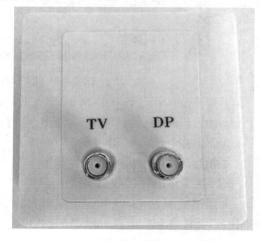

图 2-4-11　终端盒

7.传输电缆

采用高品质的电缆,损耗小、传输稳定性好、驻波系数小,如图 2-4-12 所示。

四、任务总结

①有线电视系统工程是酒店智能化系统的重要部分,本次任务较复杂,建议利用 16 个课时完成。

②建议分组实施任务,3~4 人为一组,共同完成本项目。

③项目任务完成后,要进行任务成果分享。每一组都要讲解其实施过程、完成结果,由教师进行点评。

| SYWV-75-5 | SYWV-75-7 | SYWV-75-9 |

图 2-4-12　同轴电缆

④任务结束后,学生要完成相应的实训报告书。

思考与练习

1.简述有线电视系统的组成。

2.简述 HFC 网络与 CATV 网络的区别。

3.酒店电视系统与家庭电视系统有什么不同?

4.何谓"三网融合"? 指出自己家的上网方式。

5.上网进行资料检索,列出有线电视前端设备的所有品牌。

6.上网进行资料检索,列出有线电视系统相关的国家标准。

7.简述混合器的作用,家庭电视系统有此设备吗?

任 务 五　多 媒 体 会 议 系 统 的 设 计

教学目标

终极目标:会进行多媒体会议系统的集成设计。

促成目标:1.会撰写多媒体会议系统设计方案。

　　　　　2.会绘制多媒体会议系统图。

　　　　　3.会选择合适的多媒体会议系统设备。

工作任务

1.设计多媒体会议系统(以某酒店为对象)。

2.完成多媒体会议系统设备选型。

相关知识

　　视频会议系统是通过网络通信技术来实现的虚拟会议,使在地理上分散的用户可以共聚一处,通过图形、声音等多种方式交流信息,支持人们远距离进行实时信息交流与共享、开展协同工作的应用系统,如图 2-5-1 所示。视频会议极大地方便了协作成员之间真实、直观的交流,对于远程教学和会议也有着举足轻重的作用。

图 2-5-1　视频会议现场

　　视频会议作为网络时代出现的新型会议方式,它的数据和图像传送功能是传统会议无法达到的。信息化的社会对工作效率和工作质量的要求在不断提高,视频会议系统建设已成为现代化办公建设的重要组成部分。视频会议系统建设中要求充分利用现有资源,集成图像传输、远程培训、会议录像等功能,系统建成后能够实现平滑兼容和升级,将来能够向更高带宽和更高图像质量扩展。

 任务实施

一、任务提出

　　现有一栋新建酒店,该酒店共 22 层(地下 1 层,地上 21 层)。本酒店一间商务中心作为多功能报告厅,需要安装先进的多媒体系统;另有一间会议室,需安装视频会议系统,请进行集成设计。

二、任务目标

　　①会撰写酒店多媒体会议系统设计方案。
　　②会画酒店多媒体会议系统图。

③会选择合适的多媒体会议系统设备。

三、实施步骤

现代多媒体会议室已经融入了幻灯机、投影机、录像放像设备、扩声器材、电话会议、视频会议等各类电子会议设备。但在会议过程中往往不能将这些设备得到充分的发挥,而是需要会议工作人员手工操作,这样不仅降低了会议效率,还给会议的保密性带来诸多问题,智能化控制已成为此领域的一大趋势。

本酒店项目共需安装两套多媒体会议系统:一套安装在一层商务中心(多媒体为主),供对外承接业务;一套安装在负一层会议室(视频会议为主),供员工开会使用。两套会议系统方案设计要以系统合理性、先进性、可靠性、实用性和可扩展性为原则,将系统进行划分并对酒店智能化工程多媒体会议各子系统进行设计。

(一)商务中心多媒体会议系统集成设计

1.需求分析

商务中心会议厅是一座多功能报告大厅,要能满足学术报告、新闻发布以及会议的扩声要求。系统由音频系统、视频系统、灯光系统和中央控制系统构成。

1)音频系统要求

①扩声系统设备采用能经历长期使用后其性能都稳定可靠的产品,系统性能稳定可靠。

②扩声系统重点突出"简洁、精练、实用和先进性、方便"容易操作的原则。

③整个扩声系统具备良好的扩展功能,其中包括多系统资源共享等功能。

④扩声系统中所有采用的是全套进口的先进性、高性能、高可靠性、高价格比的世界著名名牌专业产品。

⑤扩声系统中所采用的扬声器都是高效率扬声器,从而可以用较少数量的高效率扬声器而获得需要较多非高效率扬声器才能达到的声压级。在确保整个剧场内声音覆盖均匀并达到国家(行业标准)一级标准声压级的情况下,达到扬声器少而精,声音效果质量好,既节省工程项目成本开支,又能提高剧场所选用的扬声器档次。

2)视频系统要求

(1)投影显示系统

根据商务中心的面积和建筑结构,在商务中心舞台后面墙壁中间位置安装一块3 050 mm×2 290 mm电动正投屏幕。屏幕采用具有高增益、宽视角可视玻璃珠投影幕,既能够满足建筑结构的尺寸要求,又能提供给观众清晰的画面。大屏幕采用凹槽安装方式,平时不使用时收缩在凹槽内,不会影响美观。

投影机应尽可能地防潮和防尘。采用吊顶安装方式,必须保证周围环境的通风散热。投影系统工作时,受环境光线影响较大,应避免室外光线和室内灯光的直接照射。投影机电源信号与信号源电源信号必须共地。

该系统用于各类电子文稿的演示,各类图像、图形记录资料的视频播放。必须具备以下功能:

①投影机能接收计算机、DVD机、视频展示台、视频会议主机传送过来的各种视频信号。

②投影机投射图像亮度高,在会场开启着代表书写记录所需灯光的情况下,仍保证与会人员在会议室任何座位上都能看到清晰的图像。

③投影机应该采用隐蔽的安装方式,天花升降吊装或从地面升降。根据现场情况,推荐采用地面升降方式。

④投影机与投影幕间的安装距离有一定的协调范围,以适应现场情况。投标方应现场勘察情况后,根据现场情况选择适当的投影机镜头焦距。

⑤投影机投射在投影幕上的图像大小合适,投得满,投得正,不超出幕布范围。

⑥投影幕大小合适,保证会场每个座位的人都能看到全屏幕的图像。

⑦投影幕采用电动升降,升降灵活无阻隔。

⑧投影机、投影幕、电动升降台都带红外遥控功能,配备遥控器。

⑨投影机升降台动作灵活稳定,定位精度高。

（2）交互式演示系统

为满足演示需要,系统配置一台交互式电子书写屏,安装于演讲台,演讲者可在上面打开演讲稿,可对稿件进行修改、保存。画面可由投影机投影至显示幕布。另外电子书写屏需具备互动性,即可以连接到 Internet 或 Local Area Network,信息与远端的电子书写屏共享。现场的演示画面可在远端画面同时显示,且远端也可在现显示画面进行修改。

与视频会议系统结合,会议双方可以通过书写屏在计算机画面上书写、标注,并通过网络进行数据的实时异地双向传输。通过交互式书写屏使沟通更加透彻,实现会议资料同步共享,可以有效地改善会议效果,提高会议效率。

同时,可以将交互式数字书写屏上的图像传输到与会者的计算机,每个与会者都能够各自保存图像,并且将文档以手写批注等要点加以保存,使听讲者的注意力更加集中。广泛应用于会议、演讲以及培训等场所。

3）灯光系统要求

商务中心必须保证演出时有灯光照明,因此不可因为某个灯光控台或灯具有故障就黑场。由于该商务中心主要作会议用,为了避免在台上领导受到眩光照射,因此在面光部分采用高角度投光方法,这样可以做到防眩光的功能。顶光可以使领导在台上端坐舒适,能清晰阅读文件,又能表现领导的精神面貌,这方面的灯光设计必须柔和、照度合适,灯光下温度与无光区接近。要有耳光和侧光照射效果,安装天幕灯,在保证与天幕有一定距离条件下,解决了天幕光中间地带灰暗的缺点,装逆光辅色,形成背景光束,烘托色感及演出气氛。

4）中控系统要求

集中控制会场内的所有音、视频等系统的场景切换。细节控制的内容包括音视频源播放、停止等全功能动作,音视频信号切换,音频系统的电声（如电平、预设等）调整。

通过多媒体中央控制系统,可以控制影碟机、录像机、录音机、摄像机、视频展示台等教学设备的音、视频信号输入输出,实现教学设备间的相互切换,将复杂的电教设备及环境设备控制变得轻松自如。操作者只需进行简单的操作即可完成对复杂设备及环境的控制,比如可以进行输入信号切换及影音设备控制、自动调节室内光线、自动放下/升起屏幕、自动打开/关上窗帘……

现场的视频图像及计算机投影信号可通过视频 VGA 及视频回显卡在触摸屏上进行监视,便于会议控制人员根据现场的实际情况对会议系统进行控制,保证会议的顺利进行。

2.方案设计

1）音频系统设计

（1）建声设计

①混响时间测定：混响时间是厅堂建声学的一项重要指标，其定义为当一个声源停止发音后衰减 60 dB 所需的时间；混响时间的理论计算方法就是著名的 Sabine 公式 $T = 0.163V/(a \times S)$，其中，V 为房间的总容积，S 为房间的总表面积，a 为房间的平均吸声系数。$a \times S$ 又可理解为厅堂表面的总吸声量。

②混响时间调校方法：混响时间的长短直接影响着整个厅堂的声学效果，混响时间过大，会造成厅堂内音乐浑浊，语言不清晰；而混响时间过低，声音又会显得很干涩、乏力；不同的功能需要不同的混响时间，语言一般来说在 1.0 左右、室内音乐 1.3～1.4 s、古典音乐 1.5～1.7 s；可利用 EASE 软件对装修材料进行了模拟验证，从而选择装修方案。

影响混响时间的主要方式有改变扩声场地的容积、改变扩声场地表面的吸声量及连接混响室 3 种方法，国际上通常使用的办法是通过改变扩声场地内墙面吸声材料的办法控制混响时间，结合实际情况考虑到效果、造价等诸多因素后，建议采用第二种方式即改变室内表面吸声能量的方法进行较好，通常有以下 6 种方式：

a.幕帘式：即通过在厅内距离墙面一定距离的幕布的展开与闭合达到吸收声能的目的，为了达到比较好的声吸收效果，当距离为波长的 1/4 时对声能的吸收作用最大，因此结合场地的具体情况作相应调节。

b.翻板式：在室内墙面表面装有可以翻转的吸声板，板的一面是吸收面，另一面是反射面，在不同的时候通过不同的反射面改变声能。

c.百叶式：在需要吸声的表面安装百叶结构吸声材料，通过开关百叶的方法改变声能。

d.旋转式：通过旋转圆柱体（一面吸声一面反射）、三角体（三面吸声）、板装体（一面吸声、一面反射）的结构改变声能。

e.升降式：在厅内天花上设置可以升降的吸声体，通过露出的吸声体多少来改变声能。

f.空腔式：即在厅内设计一定大小的空腔，腔体表面材料选择一定刚度的材料通过共振的方法降低声能，一般多用于低频的处理。

（2）电声设计

满足《厅堂扩声系统声学特性指标》语言一级标准，即最大声压级：250 Hz～4 kHz 范围内平均声压级≥98 dB；传输频率特性：100 Hz～6.3 kHz 以 250～4 kHz 的平均声压级为 0 dB，允许+4～-12 dB，且在 250 Hz～4 kHz 内允许≤±4 dB；传声增益（dB）：250 Hz～4 kHz 的平均值-12 dB；声场不均匀度（dB）：1 kHz 和 4 kHz ≤10 dB；总噪声级：≤NR30。

室内扬声器的声压计算公式为：$Lp = S_0 + 10 \lg W - 20 \lg R + 20 \lg Q$，上面公式中：$Lg$ 为距离扬声器距离 R m 处的声压；S_0 为扬声器灵敏度；Q 为扬声器指向性，在轴向上可以按 $Lp = S_0 + 10 \lg W - 20 \lg R$ 近似计算。

在设计方法上，结合经验及一定理论计算的同时，利用 EASE 计算机模拟分析声场软件来调整和验证，以保证设计的准确可靠。通过建模，选用适当的装饰材料，将安置到模型中我们所预期的位置，以三维坐标形式表达建筑内部结构和音箱方位、音箱投射角度，同时给各音箱加以不同的驱动功率，经过计算，可准确地模拟计算出声音的覆盖范围、声压的分布、声音的清晰度、传声增益等。这是一种十分有效和先进的设计方法。

（3）声场设计

扩声系统的声场设计是整个扩声系统最重要的环节，是扩声系统最终具有良好效果的关键，主观上决定了整个扩声系统的好坏，应给予充分的重视。设计时应结合整个厅堂的建筑形体、建筑声学设计，对扬声器的选型进行最优化设计，从关注声干涉、宽频带的指向性的角度入手，充分满足厅堂扩声系统对声压级、均匀度、清晰度等设计指标的要求。

①场地分析：商务中心大会议厅（宴会厅）大致为矩形分布，长可以容纳 400 个座位。舞台可以容纳 40 个座位。

②观众厅主扬声器的布置：大会议厅主扩声系统扬声器安装于主席台两侧上方，分左、右两个声道，各个声道独立覆盖全场观众区。

③左声道扬声器系统：左声道扬声器系统由 1 只全频扬声器（专业舞台演出两路全频扬声器，1.75 英寸压缩驱动器，15 英寸低音，最大承受功率：350 W/8 Ω、最大声压输出：130 dB。）组成。全频扬声器覆盖全场观众区。

④右声道扬声器系统：右声道扬声器系统选型、布置、覆盖等跟左声道扬声器组相同。

⑤辅助扬声器（拉声像）系统：采用两只美国全频扬声器作辅助扬声器组，以确保全场所有观众席都能有完美的音响效果。该扬声器为两路分频全频号筒扬声器，配 1 英寸 30 W（有效值）钛合金压缩驱动器，8 英寸（100 W/有效值）低音单元，频率效应 80 周~18 千周，最大输出为 128 dB/1 m/1k 周，90°H × 40°V 高音号筒。该扬声器组安装于观众厅中部两侧的墙体内。

⑥超低频扬声器系统：为了丰富 100 Hz 以下超低频次低音的重放音色，我们选用了美国进口高效率超低频扬声器两只（18 英寸低音单元 700 W/8 Ω），频率范围为 30~120 Hz，灵敏度 100 dB/1 m/1 W，最大声压极为 128 dB，能发出难以置信的震撼超低频效果。

⑦主席台返送扬声器系统：主要用于增加汇报性演出时发言人员在主席台的自身听觉，由总数合共两只美国进口号角型返听扬声器组成，其中（多功能演出系列两路分频全频号筒扬声器，配 1 英寸 40 W（有效值）钛合金压缩驱动器，12 英寸（250 W/有效值）低音单元，频率效应 60 周~18 千周，最大输出：129 dB/1 m/1k 周，90°H × 40°V 高音号筒）放在主席台内面两侧组成主席台流动返听系统，能够满足各种报告性会议的监听要求。

扩声系统设计通常从声场设计开始，逐步向后推进到功放、声处理、调音台和声源。因为声场设计是满足系统使用功能和音响效果的基础。因此这种向后推进的设计步骤是十分必要的。一般多媒体会议室的扩声系统如图 2-5-2 所示。

2）视频设计

（1）投影技术

投影机主要通过 3 种显示技术实现：LCD（Liquid Crystal Display）液晶投影机、DLP（Digital Lighting Process）数字光处理器投影机和 CRT（Cathode Ray Tube）阴极射线管投影机。

CRT 投影机采用的技术与 CRT 显示器类似，是最早的投影技术。它的优点是寿命长，显示的图像色彩丰富，还原性好，具有丰富的几何失真调整能力。由于技术的制约，直接影响 CRT 投影机的亮度值，加上体积较大和操作复杂，已经被淘汰。

LCD 投影机采用最为成熟的透射式投影技术，投影画面色彩还原真实鲜艳，色彩饱和度及光利用效率很高，LCD 投影机比用相同瓦数光源灯的 DLP 投影机有更高的 ANSI 流明光输出。

DLP 数码光处理投影机是美国德州仪器公司以数字微镜装置 DMD 芯片作为成像器件，通过调节反射光实现投射图像的一种投影技术。它与液晶投影机有很大的不同，它的成像是通过成千上万个微小的镜片反射光线来实现的。

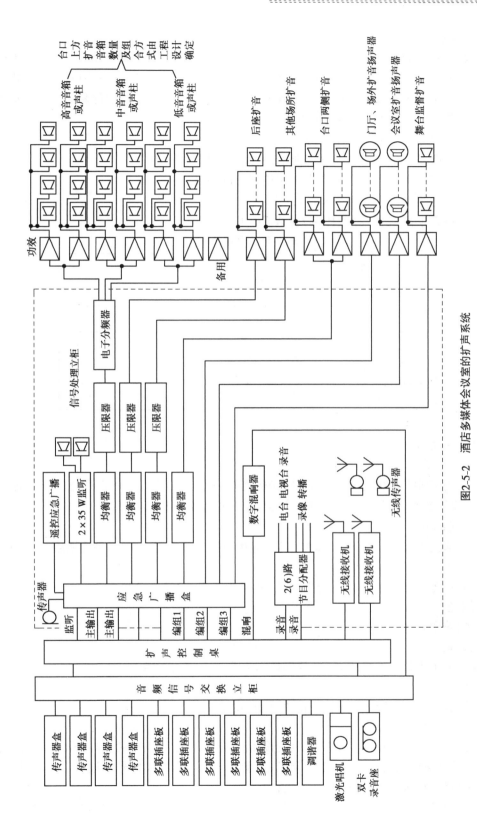

图2-5-2 酒店多媒体会议室的扩声系统

（2）显示技术

要想取得良好的视觉效果，不仅要选取合适的投影机，也需要适合的屏幕。投影屏幕有正投幕和背投幕之分，本酒店项目采用正投影。要选择最佳的屏幕尺寸主要取决于使用空间的面积和观众座位的多少及位置的安排。首要的规则是选择适合观众的屏幕，而不是选择适合投影机的屏幕，把观众的视觉感受放在第一位。

选择屏幕尺寸主要参考以下几点：

①屏幕高度要让每一排的观众都能清楚地看到投影画面的内容。

②屏幕到第一排座位的距离应大于两倍屏幕的高度。

③屏幕底边离地面距离 1.5 m 左右。

投影设备需求的格式（画面比例）见表 2-5-1。

表 2-5-1　屏幕比例

影像格式	屏幕比例（宽：高）
VGA 信号	4：3
投影仪	1：1
NTSC 制式	4：3
PAL 制式	4：3
HDTV（高解像电视）	16：9

3）灯光系统设计

（1）面光部分

面光采用 2 000 W 的冷光聚光灯，冷光聚光灯采用不反射红外线的深椭球精密光学反光镜，使被照物体免受 IR 热辐射的影响，使得台上的温度更加接近常温。

（2）顶光部分

采用三基色柔光灯（4 灯管，3 200 色温，显色指数>95）。会议阅读平均照度≥1 200 Lx。

（3）耳光

采用左右各 1 支 2 000 W 冷光聚光灯，并可任意切割光斑效果。

（4）侧光

侧光则采用影视聚光灯。

（5）天幕光

天幕区采用 1 250 W 的天幕灯，且保证与天幕有一定的距离。

（6）逆光

采用投射灯，位于舞台台顶沿最后两排，形成背景光束。

4）中控系统设计

采用触摸屏控制会议室内的所有电气设备，包括控制投影机开关、屏幕升降、影音设备、信号切换，以及会场内的灯光照明、系统调光、音量调节等。音视频信号通过质量可靠、技术先进的矩阵切换器进行选择，通过中控系统进行自动控制。

中控系统采用独特的高速双总线结构；32 位处理器；257 MIPS 处理速度；36 MB 内置记忆

体;快速记忆体槽(最大可达 4 GB)可用 Type II 快速记忆体或 Microdrive 硬盘;内置防火墙网路安全保证;动态/静态 IP 位址和全双工 TCP/IP 和 UDP/IP;内置网路位址转换器,路由器和网路服务器。可实现多个会议室中控系统的远程控制。系统控制主机具有足够的串行、红外接口以及足够的输入/输出接口,足够的低压继电器,内置网络接口。内置网页服务器,可进行远程桌面/网页控制。主机控制端口可扩展。系统中的控制主机和控制电脑可组成网络集群控制系统,并可进行视频和 VGA 信号的回显和网络监视。

采用一台 12″双显彩色触摸屏及一台全彩色无线触摸屏,触摸屏界面友好、方便操作。

整个中控系统具体需实施的基本控制功能如下:

①提供 8 路低压继电器及低压电源供应,即设备电源控制。

②提供所有音视频播放设备之基本遥控功能。

③提供矩阵切换器、切换器、分配器的所有控制功能,对输入输出各类矩阵中的信号源实施任意的切换。

④提供 4 路灯光控制和亮度调节,并可预置多种场景灯光模式调光系统,提供多个可独立调光回路。

⑤提供高解像摄录机之上下左右摆动、对焦、变焦功能,投影机之对焦、变焦、光暗控制功能。

⑥提供幕布窗帘的触控环境模式控制。

⑦提供各种会议模式的编程预设,实现会议系统间的联动整合,为业主提供更人性化的单键模式切换。

⑧提供备用 RS-232 控制接口、红外或其他控制接口。

会议室内的设备采用的接口方式如下:

①投影机:RS-232。

②DVD:IR。

③视频会议终端:IR。

④电动屏幕:I/O。

⑤RGB 矩阵:RS232。

⑥自动调音台:RS232。

⑦媒体矩阵:RS232。

3.设备选型

1)音频系统设备

选用 Sony 的 All-in-One 的商用标准化视听解决方案。

(1)音频管理中心

数字式 AV(音视频)管理中心采用索尼 PEAVEY 数字矩阵,如图 2-5-3 所示。该数字矩阵含有 AV 矩阵/RGB 信号切换、无线话筒接收模块插槽、数字现场调音台、数字功率放大器、带独立反馈及自动增益调节的高质量数字声音处理、环境设备控制、48 kHz/24 bit 数/模及模/数转换及高质量处

图 2-5-3　PEAVEY 数字矩阵前面板

理(用于高质量音频的内部 32 bit 处理),以及 19 英寸机架安装结构等。数字矩阵与外围设备的连接如图 2-5-4 所示。

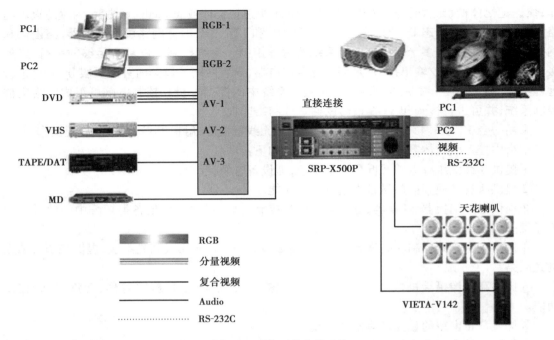

图 2-5-4 典型的连接系统

通过 RS-232C 接口与外部控制设备（例如 PC，AMX，Crestron）或者和其他的中央控制主机相连，控制投影机的 Video/RGB 信号的输入及开关，通过连接外部 I/O 接口盒，实现对灯光、窗帘、幕布的控制管理功能。矩阵体积小，可以安装在 3U19 英寸标准机架上。

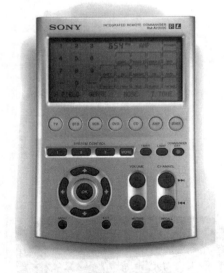

图 2-5-5 扬声器预设模式

（2）扬声器系统应用的预设模式

可以使用 SYSTEM TUPE 的选择器进行 1~9 种模式的选择，如图 2-5-5 所示，每种预设模式包括话筒的低频切除滤波器（100 Hz 以下）、EMG、路由、延时、输入静音、输出静音、输出线路、压缩、扬声器 CH3/4 端子状态（70 V 线路或低阻功率输出）和控制推子。

（3）功率放大器

选用美国进口的 EV CPS 系列功率放大器作为主扩声系统的功率放大器，如图 2-5-6 所示。该系列功率放大器专门是为高要求的音乐会、录音棚等专业音频扩声设计的高性能、高可靠性功率放大器。

2）视频系统设备

（1）投影系统

根据现场要求，选用 5 200 Lm HITACHI CP-HX6500a 高亮度投影机，亮度为 5 200 ANSI Lm，不低于 85%均匀度；对比度为 700：1；物理分辨率为 1 024×768，最高兼容 1 600×1 200。连接多制式信号输入：复合视频（Video），超级视频（S-video），色差信号（Y，R-Y，B-Y），分量视频（RGBHV）信号（VGA），数字视频接口（DVI）。中国强制性产品认证（3C 认证）。

图 2-5-6 EV CPS 功率放大器

（2）交互演示系统

交互演示系统采用 HITACHI 公司的 T-15XL 电子书写等离子屏，产品特点如下：

①画面清晰，任何角度都让您的资料一目了然。

显示：TFT active matrix method。

显示分辨率：XGA（1 024×768）。

颜色：6-bits 262 144 colors。

输入端口（RGB）：D-Sub 15 pin。

亮度：250 cd/m²。

对比度：400∶1。

②能够在计算机显示的数据画面上自由地书写标记。

对数据中重要的部分进行标记，强调重点，并可在单色的白板画面或预设图样的白板画面上自由书写，感觉甚至比在普通白板上用水性笔书写还要轻松自在，侧面的按键可取代鼠标的右击/双击动作，再加上消去手写内容的功能，大幅提高对计算机的可操作性。

③能存档并打印当时的使用内容状态。

能够完整保存并打印展示会议数据和文字，可让您当成会议记录使用。如此一来，会议结束之后，还能借存盘的资料来研究会议内容。

④透过白板控制影片播放。

可将 DV 或 DC 透过 USB 接口连接计算机，然后呈现画面到书写屏，通过书写屏控制并操作 DV 或 DC 内的影片。同样，可在影片画面上使用批注标记，并进行存档写上批注。作上标记批注的画面，会一直以此画面被存为影像文件保存下来，当然也可以进行打印。

⑤丰富的背景图案。

为您准备了大量背景图案，例如，横竖网格线、运动比赛场地、五线谱、计划表等，并提供使用者将常用背景（如地图）图样登录进软件中的功能。

⑥白板功能。

可选择不同的底板配合您使用的场合，例如音乐类或运动场地类。在电子白板上使用白板功能，手感与一般白板无异但更为方便顺手。配合电子白板专用的电子笔和电子板擦进行书写的动作，写在白板上的资料可完整保存于计算机之中或打印出来，方便随时调阅参考。

3）灯光系统设备

（1）GL-2000HL 冷光聚光灯

本工程应用 4 台 GL-2000HL 冷光聚光灯,如图 2-5-7 所示。分布在舞台上空正面 1 排 4 支,主要用于会议、讲座、报告交流、演出做面光用。其亮度高,色温稳定,并低热,使在会人员及演员没有灼热感,更能完美展现所表现的效果,全铝合金外壳,高效率冷光石英反光杯,全铝合金外壳。此灯出光角度可调,出光处的方框可旋转(其他厂的无此功能)。

（2）GL-2 000YJ 影视聚光灯

安装 1 台 2 000 W 的 GL-2000YJ 影视聚光灯,采用抽屉式灯具内部设计,如图 2-5-8 所示,方便维修、更换,螺杆式平滑调焦,可后面开盖更换灯泡而无须拆卸换色器,带防护网罩,最佳投射距离为 10~15 m,适合中距离、剧院、演播厅布光用。

图 2-5-7　GL-2 000HL 冷光聚光灯　　　　图 2-5-8　GL-2000YJ 影视聚光灯

（3）GL-1250TM 天幕云灯

安装 8 台 GL-1250TM 天幕云灯,如图 2-5-9 所示,用于会议场后幕布照明。比如会议场后幕布有国徽和国旗,用天幕灯照射可显出庄严气氛。

（4）GL-055HL×4 三基柔光灯

安装 1 台 GL-055HL×4 三基柔光灯,如图 2-5-10 所示。作顶光用,其亮度高,色温稳定,并低热,耗电量低,使用寿命长达 1 万小时以上。灯光角度可调,全铝合金外壳及德国或意大利进口反射板(其他厂用不锈钢或用铁板电镀,色还原度不好),反射度高,色还原度好,进口电子配件(用 OSRAM 镇流器)。

图 2-5-9　GL-1250TM 天幕云灯　　　　图 2-5-10　GL-055HL×4 三基柔光灯

（5）PAR64L 长筒投射灯（白色）

本方案采用 8 只 PAR64L 投射灯长筒做逆光,如图 2-5-11 所示。既保证亮度,又形成光柱效果。

(6)GL-6 000/6 数字硅箱

本方案采用一台 GL-6000/6 数字硅箱,如图 2-5-12 所示,此硅箱与 RGB-2012(12 路光路)数字电脑调光台配合使用,控制 PAR64L 投射灯。

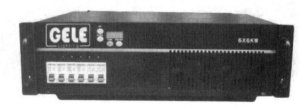

图 2-5-11　PAR64L 长筒投射灯　　　　　　图 2-5-12　GL-6000/6 数字硅箱

(7)RGB-2048(48 路光路)数字电脑调光台

本项目安装一台 RGB-2048(48 路光路)数字电脑调光台,如图 2-5-13 所示。共有 48 个控制光路、48 个可控硅回路、48 个分控推杆、48 个集控推杆、48 个集控页。有 3×24 个效果步骤,MA／Mb 手动编、演两场。数据存储方式为关机电池保留数据。调光台有面板锁功能,配有工作灯座(可另配工作灯)。无硬盘、全固化软件系统设计,瞬间开机启动,工作稳定可靠,不死机。配有中/英文面板操作表,易学易用。

图 2-5-13　RGB-2048(48 路光路)数字电脑调光台

4)中控系统设备

(1)多媒体控制系统主机

采用快思聪(CRESTRON)中控主机 AV2,如图 2-5-14 所示。AV2 是一个全新驱动控制技术的解决方案,也是一个网路资讯控制系统。它甚至对一个复杂的控制应用来说也是经济的解决方案,如媒体协助平台、视频会议、远端教学及娱乐设施。AV2 的心脏是突破性的 2-系列引擎,基于新的 257MIPS,32 位摩托罗拉 ColdFire 处理器。内置的 34 MB 记忆体可扩展到 4 GB,扩展槽支援现成的类型 II 快速快闪记忆体和 IBM Microdrive 硬碟,内置程式存储和触摸屏档案,空间和设备设定,提供硬体软体相结合、升级、资料库和时间表计划。

(2)彩色触摸屏 TPS-5000

快思聪(CRESTRON)彩色触摸屏 TPS-5000 是崭新科技的产品,如图 2-5-15 所示。12 英寸对角触摸式 LCD 显示幕展现明亮、鲜艳的真实色彩。并能全荧幕或以不同视窗尺寸显示高质素的画面。内置的麦克风、两个立体扬声器、功放和混频器,可播放储存的 WAV 档案。支

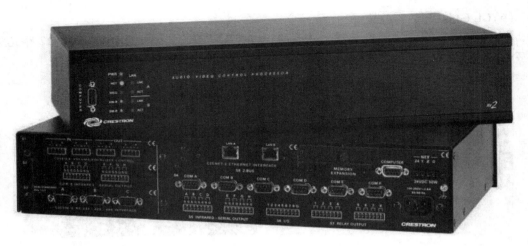

图 2-5-14　快思聪（CRESTRON）中控主机 AV2

持所有标准 Internet 协定，是真正的全球通信触摸式控制系统，能够操作任何数量的电子设备，并通过 Internet 与各地的控制系统进行连接。

（3）全彩色无线触摸屏 STI-1550C

快思聪（CRESTRON）全彩色无线触摸屏 STI-1550C 为家庭影院、会议室、教堂等场所提供了一种可靠的、低成本的无线解决方案。256 色，5.7″无源矩阵触摸屏幕是建立全面定制的用户界面的必需品，如图 2-5-16 所示。这种触摸屏拥有轻便、造型简约的外壳，其使用范围最高为 300 英尺（室内），是便携式控制应用的理想选择。

图 2-5-15　彩色触摸屏 TPS-5000　　　图 2-5-16　全彩色无线触摸屏 STI-1550 C

（4）CNRFGWA 单向无线 RF 接收器

CNRFGWA 是一个单向射频网关，如图 2-5-17 所示。使快思聪单向射频无线触摸屏和掌上触摸屏能够通过 Cresnet 网络与控制系统进行通信。每个 CNRFGWA 支持的范围大约 300 英尺。可以通过多个分配式接收器来扩充范围。

（5）CLI-220N-4A 4 路调光箱

CLI-120N-4A 是 4 路的网路调光模组，如图 2-5-18 所示。它可控制低压白炽灯、低温灯以及非小型的光载荷。现场控制部分提供输入口和外部开关相接来控制系统。整个小系统只占用 CLC-6 空间的一个小分箱。

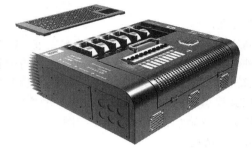

| 图 2-5-17　CNRFGWA 单向无线 RF 接收器 | 图 2-5-18　CLI-220N-4A 4 路调光箱 |

（6）CNPCI-8 继电器模块

CNPCI-8 是带有 8 个单独电极的功率控制界面，单独的继电器，每个适用于额定到 20 A 的照明，发动机控制等；CNPCI-8 也包括（8）低电压输入适用于本地化的继电器操作在 Cresnet 网路上。如图 2-5-19 所示。

（二）会议室视频会议系统集成设计

由于本酒店是连锁酒店，平时需要召开远程会议，因此，负一层会议室需要安装一套视频会议系统，系统建成以后，可以实现视频会议系统提供的业务，包括调度会议、协商会议、讨论、培训等。

图 2-5-19　CNPCI-8 继电器模块

1.需求分析

本酒店视频会议系统是以总部为中心，覆盖整个区域内所有机构的视频会议系统。视频会议系统的方案设计中，提供一套全面实用的视频会议系统管理解决方案，以实现会场点管理、会议管理、会议控制、会议诊断、会议监测和日志管理等系统管理功能，通过这些管理手段从而保证视频会议系统运行稳定。

本视频会议系统建成后需实现以下功能：

①实现 720P，1080P 的高清图像传送。

②实现主会场和各分会场的视频会议。

③能同时召开多个多点会议；并具有语音激励、导演控制、轮巡方式、演讲者控制等多种控制方式。

④召开由任意一个会场发起的点对点或多点会议。

⑤传送全运动的图像和高保真的声音效果。

⑥会议录像以及流媒体功能，会议实况或录像的网上点播、直播。

⑦MCU 和终端支持 H323 协议体系标准。

⑧MCU 具有足够的容量，能实现平滑升级和扩容。

⑨具有丰富、完善的网管功能。

系统具有双视频流功能，本系统除了用于召开视频会议外，还具有召开应急指挥、多点研讨、技术培训、远程教育等功能。可与上级视频会议网络级联。

为了保证高清音视频数据的传输，需要采用误码率低、网络抖动小的 IP 专网方式构建星形网络。显示设备必须满足高清显示的要求，应当选择支持 1 280×720 以上分辨率的设备，目前的等离子和液晶显示器一般均支持这种分辨率。同时设备必须具有高分辨率的数字图像接口,比如 HDMI,DVI 等接口,可以实现高清图像的接入。

2.方案设计

酒店视频会议系统设计采用技术先进、成熟可靠、可管可用、性能优秀、灵活扩展、标准开放的视频网络,并且能够综合考虑到该网的中长期发展计划,在网络结构、网络应用、网络管理、系统性能等各个方面适应未来视频会议和多媒体应用的发展,方便地扩容,用户可灵活地再增加会议点,并最大限度地保护用户的投资,将该网建成一个面对面交流协作的典范。如图2-5-20 所示为常见的视频会议系统图。

3.设备选型

综合以上需求分析,本项目采用宝利通(Polycom)公司的高清视频会议系统,包括多点控制单元 RMX,HDX 系列高清终端和 RSS 系列高清数字录播服务器等。

本高清视频会议系统采用星状集中式,主会场配置 1 台高清 MCU。视频会议系统通过专线网络连接各二级相关机构的视频会议网络系统。本视频会议系统采用支持 H.323 协议的组网结构,在所有会议室提供基于 H.323 协议的 1 280×720 p 高清晰图像质量终端,电信级专业MCU 可以实现 H.323 高清和普清视频终端设备的互联。系统拓扑图如图 2-5-21 所示。

根据具体的网络规划和实际情况,我们推荐采用 Polycom 公司下述的产品构建系统:

①RMX1000 多点控制单元,作为核心汇结和多媒体交换设备。

②HDX8000 高清系列高性能终端,作为主会场终端。

③HDX7000 高清系列高性能终端,作为各分会场终端。

④RSS4000 数字录播服务器,作为会议的存储和备份。

在会议电视控制中心采用多点控制器 RMX,并且放置在网络的汇结中心。所有的会议电视终端都要和 MCU 建立连接,通过 MCU 进行视频图像的交换,语音的混合播放。

多点控制器 RMX 应当放置在网络的汇结中心,以保证 RMX 到所有终端都有足够的带宽,使通信质量得到保障。

(1)网络中心配置

视频会议网络系统的控制中心独立于会场,实现各会场的接入,并提供各会场语音混合、转发,图像的拼接、转发,甚至各种视音频的编码转换以及各种会议功能,并且也是数据会议的汇结中心。控制中心一般设置在网络汇结的核心点,例如,信息中心、网络中心等便于连接、有足够带宽的位置。控制中心为整个视频会议系统提供管理、服务。根据项目要求为会议电视控制中心配置 1 台 RMX 实现高清图像的汇结。

多点控制器采用 POLYCOM 公司的最新型 RMX1000 多点控制单元,如图 2-5-22 所示。RMX1000 作为电信级的多媒体信息交互系统,具有独特的电信级宽带视频总线架构,形成了高度可靠的电信级业务平台,延时仅有 80 ms,具有处理大容量 1 920×1 080 p 高清的能力。

(2)主会场终端设备配置

主会场会议室配置 Polycom 高端的高清会议电视终端 HDX8000-1080 p,如图 2-5-23 所示。HDX 为全新一代的 1 280×720 p,1 920×1 080 p 的高清视频会议终端,具有业界无可比拟的效果。HDX 机架安装含全向麦克风、高清摄像头;该设备具有 3 路高清视频输入,两路高清视频输出接口;支持最高 720 p 60 帧/s、1 080 p 30 帧/s 的帧频;能同时显示人物与内容影像的同步高清双流,拥有 Siren 22 环绕立体声和高清摄像头等。系统功能灵活,标准化的输入输出选项可用于特殊需求的定制方案。

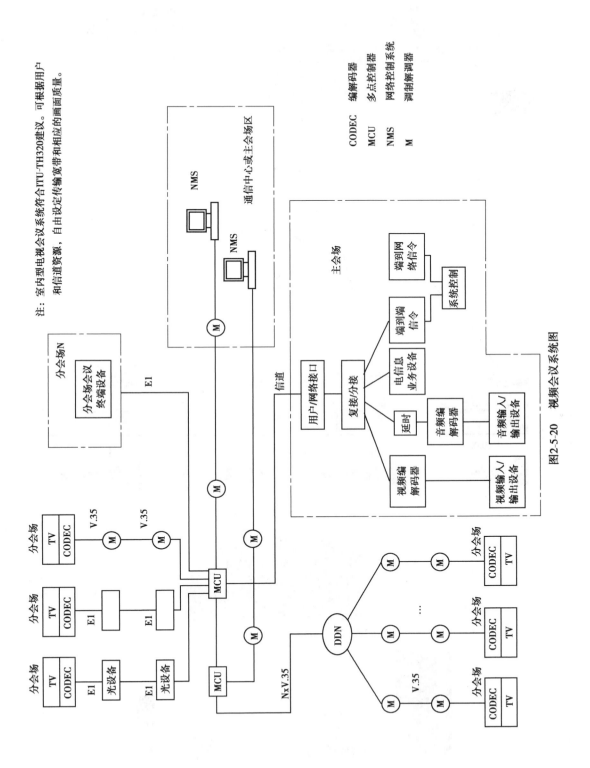

图2-5-20 视频会议系统图

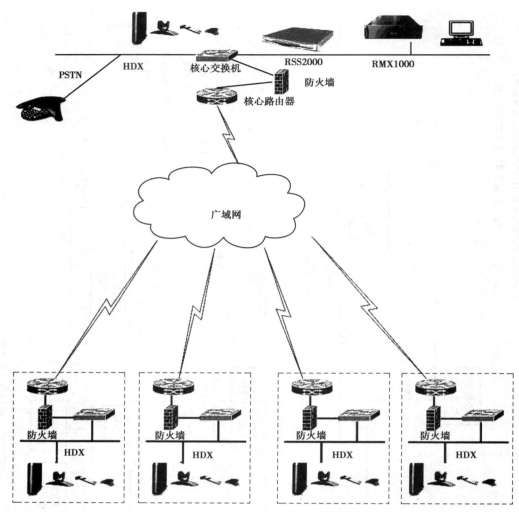

图 2-5-21　Polycom 视频会议系统

图 2-5-22　RMX1000 多点控制单元

图 2-5-23　高清会议电视终端

（3）数字录播服务器 RSS2000

在主会场中心机房配置一台高清数字录制点播服务器 POLYCOM RSS2000，如图 2-5-24 所示。RSS200 可以录制 H.323 单点、点对点以及多点的会议，并且可以实时通过 H323 视频会议终端或计算机实时回放。RSS 可以通过 WEB、视频终端、Polycom RMX 进行实时的管理和控制。

图 2-5-24　数字录播服务器 RSS2000

（4）各分会场终端设备配置

分会场配置 Polycom 高端的高清会议电视终端 HDX7000-1 080 p。HDX 机架安装、含全向麦克风、高清摄像头，设备外形结构如图 2-5-24 所示；该设备具有两路高清视频输入，两路高清视频输出接口；支持最高 720p 60 帧/s、1080p 30 帧/s 的帧频；支持高清双流。

同时，此会议室需要安装投影显示系统和交互演示系统，产品选择与商务中心配置相同，中央控制系统采用快思聪（CRESTRON）品牌。

四、任务总结

①多媒体会议系统工程是酒店智能化系统的重要部分，本次任务较复杂，建议利用 16 个课时完成。

②建议分组实施任务，3~4 人为一组，共同完成本项目。

③项目任务完成后，要进行任务成果分享。每一组都要讲解其实施过程、完成结果，由教师进行点评。

④任务结束后，学生要完成相应的实训报告书。

思考与练习

1.简述多媒体会议系统和视频会议系统的组成。

2.上网进行资料检索，列写多媒体会议系统和视频会议系统品牌。

3.上网进行资料检索，列写多媒体会议系统相关的国家标准。

4.简述多媒体会议系统回音的控制方法。

5.简述多媒体会议系统对灯光效果的要求。

6.简述会议室交互演示系统的功能。

7.设想未来的视频会议系统应该还具备哪些人性化功能？

任务六　公共广播系统的设计

教学目标

终极目标:会进行公共广播系统的集成设计。
促成目标:1.会撰写公共广播系统设计方案。
　　　　　2.会绘制公共广播系统图。
　　　　　3.会选择合适的公共广播系统设备。

工作任务

1.设计公共广播系统(以某酒店为对象)。
2.完成公共广播系统设备选型。

相关知识

公共广播系统是专用于远距离、大范围内传输声音的电声音频系统,能够对处在广播系统覆盖范围内的所有人员进行信息传递。公共广播系统在现代社会中应用十分广泛,主要体现在背景音乐、远程呼叫、消防报警、紧急指挥以及日常管理应用上。随着现代社会的发展,公共广播的应用范围也在逐步扩展。比如学校校园内公共广播系统普遍应用于校园电台、听力考试、广播体操等日常教学任务;旅游景点内公共广播系统具有导游功能;大型商场内公共广播系统具有导购与商品广告等功能。总之公共广播系统在军队、学校、宾馆、工厂、矿井、大楼、中大型会场、体育馆、车站、码头、空港、大型商场等场所都有普遍应用。

公共广播系统主要是由广播扬声器、功率放大器、传输线路及其他传输设备、管理/控制设备(含硬件和软件)、寻呼设备、广播寻呼和其他声源设备,如图 2-6-1 所示。

IP 网络广播系统,是网络传播多媒体形态的重要体现,也是广播电视媒体网上发展的重要体现。基于 TCP/IP 协议的公共广播系统,采用 IP 局域网或 Internet 广域网作为数据传输平台,扩展了公共广播系统的应用范围。网络广播系统采用集中应用/分布式控制的管理模式,在广播系统管理员集中管理的前提下,通过系统授权和 IP 网络连接,不同的用户都可以通过客户端来编排个性化的节目并进行定时定点的播放,如图 2-6-2 所示。基于目前很多学校及企事业单位的基础设施建设已经完成,重新规划广播系统的施工布线存在很大的困难,随着局域网络和 Internet 网络的发展,使网络广播的普及变为可能,强大的功能及灵活的操作必将成为未来广播系统的主流产品。

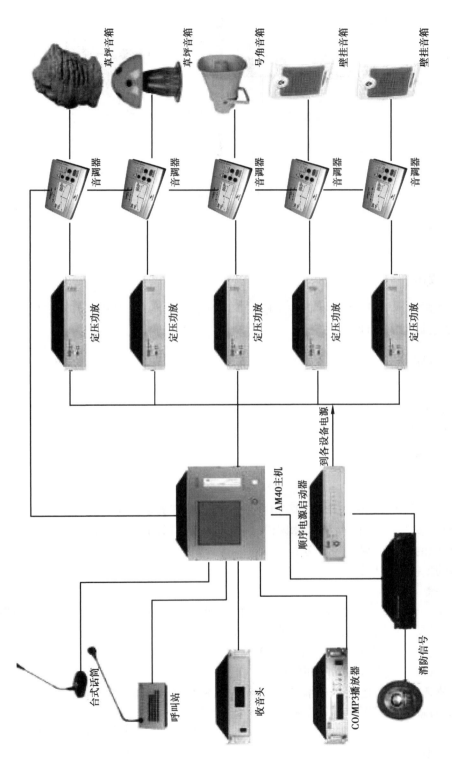

图2-6-1 公共广播系统的组成

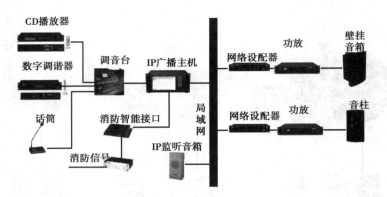

图 2-6-2　IP 网络广播系统组成

任务实施

一、任务提出

现有一栋新建酒店,该酒店共 22 层(地下 1 层,地上 21 层)。本酒店需要安装先进的公共广播系统,请进行集成设计。

二、任务目标

①会撰写酒店公共广播系统设计方案。
②会画酒店公共广播系统图。
③会选择合适的公共广播系统设备。

三、实施步骤

(一)需求分析

公共广播系统除满足消防广播、业务广播之外,更重要的是通过播放背景音乐给酒店住户创造一个舒适、安逸的工作、生活和休闲的环境,优美、舒适的音乐会给人们的精神上带来快感,即放松紧张的心情又可消除疲劳。

建成后的广播系统应该达到以下功能:

1.日常广播

日常广播含有服务性广播和业务性广播两个功能,服务性广播主要用于公共区域的广播和背景音乐,以及可能需要的内容的播放;业务性广播为各分区通知,找人寻呼用途。

用于服务性广播的节目源有以下几个来源:

①电台节目源:特定节目和新闻的播放。

②磁带放音机:用于播放经过编辑的特定节目,酒店各种功能介绍和主题节目,可以自动循环播放,从而减少了因更换节目而带来的麻烦。

③CD 播放机:用于播放高品质音乐节目。可以对播放的节目顺序进行编辑播放。

广播寻呼用于业务性广播,区域选择可单选、多选或全选。操作时选择所要寻呼的区域,系统将自动中断被选取区域的音乐节目,发出提示音乐声音,切入话筒,播送区域寻呼话筒的话音。在话筒广播时不影响其他区域的正常服务性广播的播放。

服务性广播和业务性广播，各所需播放的区域除话筒语音外不需很大的音量，输出功率满足全域扬声器总量，并在每个扬声器的最大输出设计功率不大于6 W，既保证了语音的足够清晰和响度，又节省了功放，实现了性能、费用的统一。

根据规范，区域分配应首先满足火灾紧急广播的区域划分要求。话筒语音可自由选择对各回路，或单独、或全呼进行广播而不影响其他区域组的正常广播。

2.紧急广播

广播系统具有紧急广播功能，它是火灾或其他灾难的报警、疏散、指挥的必要设备措施。本系统控制设备与正常广播设备共置一体。广播采用数字技术控制，有火灾报警的接口，彻底消除人工广播报警可能带来的指挥不当或不及时引起的失误或慌乱。

紧急广播控制具有与区域相对应的火灾报警联动控制端口，与火灾报警设备的区域报警输出联动，也可用台式呼叫话筒进行紧急广播，由人工进行疏散指挥。紧急广播操作优先于其他任何音源（包括广播员的区域寻呼话筒），可对所需广播按规定的区域广播，也可以进行全呼操作，消防中控室可以通过广播系统对所有楼层同时进行紧急广播。

紧急广播在启动时，对于非紧急区域不影响正常广播。

（二）方案设计

1.结构设计

酒店配置一套主机。机房设在中控中心，配备呼叫站、无线电广播、DVD/CD播放机、功率放大器等。在每个客房入口的小走廊上安装一个吸顶扬声器，平时可以选择3种不同音乐收听，也可以转播电台，紧急情况下，进行紧急广播。

系统同时满足背景音乐和消防紧急广播的需要。由于背景音乐在广播功能、音源和音质要求上都比消防紧急广播高，设计时要充分考虑这方面的需要，放音装置（喇叭或音箱）的设置也根据上述需要确定其设备档次和相应的终端数量。

背景音乐系统用软件程序控制播音，可根据需求分区或分层播放不同的音源内容，并有主机设备故障自动检测、提示，功放故障自动检测、切换，扬声器线路检测等功能。

紧急广播和背景音乐采用同一套系统设备和线路。当发生紧急事故（如火灾）时，可根据程序指令自动切换到紧急广播工作状态。火灾报警时，满足消防规范规定，消防紧急广播为$N+1$形式。提供任何事件的报警联动广播、手动切换的实时广播等。系统需要与消防主机进行信号的切换和控制。同时，消防广播联动楼层可以通过内部软件进行任意设定。

消防广播应实现警铃的功能，即火灾控制器联动广播发送警报声，火灾广播时警报声停止，火灾广播结束后继续发送警报声，直接人工复位。

一个公共广播系统通常划分成若干个区域，由管理人员（或预编程序）决定哪些区域须发布广播、哪些区域须暂停广播、哪些区域须插入紧急广播等，如图2-6-3所示。

分区方案原则上取决于客户的需要。通常可参考下列规则：

①楼内通常以楼层分区。

②管理部门与公众场所宜分别设区。

③重要部门或广播扬声器音量有必要由现场人员任意调节的宜单独设区。

公共广播系统设备按表2-6-1进行配置，各层防火分区见项目六中各层的火灾自动报警系统施工图。

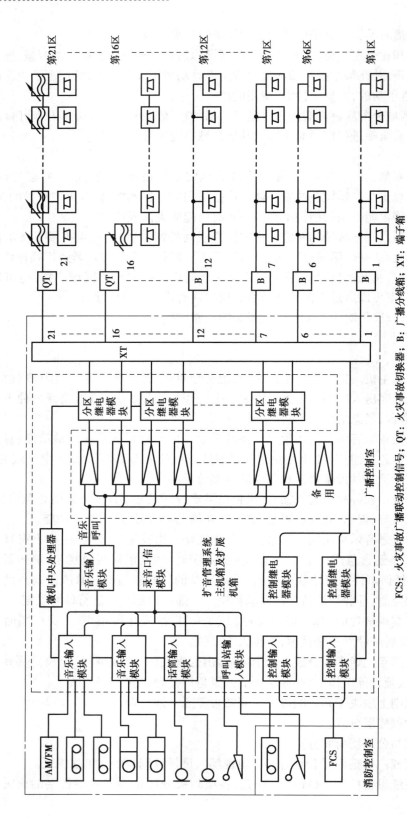

图2-6-3 酒店公共广播结构

FCS: 火灾事故广播联动控制信号; QT: 火灾事故切换器; B: 广播分线箱; XT: 端子箱

表 2-6-1 公共广播系统扬声器设置表

序　号	楼　层	防火分区	吸顶喇叭	壁挂喇叭	壁挂音柱
1	负1层	FB1-01	14	1	
		FB1-02	19	3	
		FB1-03	6	8	
		FB1-04	5	7	
		FB1-05	6	5	
		FB1-06	5	4	4
		FB1-07	8	3	
		FB1-08	5	4	
		FB1-09	1		10
2	1层	FL1-01	7	2	8
		FL1-02	25		2
		FL1-03	16	1	
3	2层	FL2-01	4	1	10
		FL2-02	10	13	
4	3～21层的每层	FL3～FL21	12		
	小　计	33	131	52	34

2.广播扬声器的选取

广播扬声器的选取应视环境不同而选用不同品种规格。例如,在有天花板吊顶的室内,宜用嵌入式的、无后罩的天花扬声器。在仅有框架吊顶而无天花板的室内,采用吊装式扬声器。在无吊顶的室内(例如地下层),则选用壁挂式扬声器。在室外,选用号角。这类号角不仅有防雨功能,而且音量较大。

广播扬声器原则上以均匀、分散的原则配置于广播服务区。其分散的程度应保证服务区内的信噪比不小于 15 dB。通常,高级写字楼走廊的本底噪声为 48～52 dB。考虑到发生事故时,现场可能十分混乱,因此为了紧急广播的需要,即使广播服务区是写字楼,也不应把本底噪声估计得太低。一般把本底噪声视为 65～70 dB(特殊情况除外),照此推算,广播覆盖区的声压级宜在 80～85 dB 以上。

鉴于广播扬声器通常是分散配置的,因此广播覆盖区的声压级可以近似地认为是单个广播扬声器的贡献。根据有关的电声学理论,扬声器覆盖区的声压级 SPL 同扬声器的灵敏度级 L_M、馈给扬声器的电功率 P、听音点与扬声器的距离 r 等有以下关系:

$$SPL = L_M + 10 \lg P - 20 \lg r \text{ (dB)} \tag{1}$$

天花扬声器的灵敏度级为 88～93 dB;额定功率为 3 W。以 90 dB / 8 W 计算,在离扬声器

8 m 处的声压级约为 81 dB。以上计算未考虑早期反射声群的贡献。在室内,早期反射声群和邻近扬声器的贡献可使声压级增加 2~3 dB。

根据以上近似计算,在天花板不高于 3 m 的场馆内,天花扬声器大体可以互相距离 5~8 m 均匀配置。如果仅考虑背景音乐而不考虑紧急广播,则该距离可以增大至 8~12 m。另外,《火灾事故广播设计安装规范》(以下简称《规范》)有以下一些硬性规定:"走道、大厅、餐厅等公众场所,扬声器的配置数量,应能保证从本层任何部位到最近一个扬声器的步行距离不超过 15 m。在走道交叉处、拐弯处均应设扬声器。走道末端最后一个扬声器距墙不大于 8 m"。

室外场所基本上没有早期反射声群,单个广播扬声器的有效覆盖范围只能取上文估算的下限。由于该下限所对应的距离很短,因此原则上应使用由多个扬声器组成的音柱。馈给扬声器群组(例如音柱)的信号电功率每增加 1 倍(前提是该群组能够接收),声压级可提升 3 dB。请注意"1 倍"的含义。由 1 增至 2 是 1 倍;而由 2 需增至 4 才是 1 倍。另外,距离每增加 1 倍,声压级将下降 6 dB。根据上述规则不难推算室外音柱的配置距离。

3.广播功放的选取

广播功放不同于 HI-FI 功放。其最主要的特征是具有 70 V 和 100 V 恒压输出端子。这是由于广播线路通常都相当长,需用高压传输才能减小线路损耗。

广播功放最重要的指标是额定输出功率。应选用多大的额定输出功率,需视广播扬声器的总功率而定。对于广播系统来说,只要广播扬声器的总功率小于或等于功放的额定功率,而且电压参数相同,即可随意配接,但考虑到线路损耗、老化等因素,应适当留有功率余量。按照《规范》的要求,功放设备的容量(相当于额定输出功率)一般应按下式计算:

$$P = K_1 \cdot K_2 \cdot \sum P_0$$
$$P_0 = K_i \cdot P_i$$

式中　　P——功放设备输出总电功率,W;

　　　　P_0——每一分路(相当于分区)同时广播时最大电功率;

　　　　P_i——第 i 分区扬声器额定容量;

　　　　K_i——第 i 分区同时需要系数:服务性广播节目,取 0.2 ~ 0.4;背景音乐系统,取 0.5 ~ 0.6;业务性广播,取 0.7 ~ 0.8;火灾事故广播,取 1.0;

　　　　K_1——线路衰耗补偿系数:1.26 ~ 1.58;

　　　　K_2——老化系数:1.2 ~ 1.4。

据此,如果是背景音乐系统,广播功放的额定输出功率应是广播扬声器总功率的 1.3 倍左右。但是,所有公共广播系统原则上应能进行灾害事故紧急广播。因此,系统需设置紧急广播功放。根据《规范》要求,紧急广播功放的额定输出功率应是广播扬声器容量最大的 3 个分区中扬声器容量总和的 1.5 倍。

根据工程系统图的扬声器点位表和公共广播的系统要求,本工程项目配备了 3 种规格的功率放大器,分别为 60 W,120 W,240 W。

根据需求分析、方案设计及设备配置要求,设计该酒店项目的公共广播系统,如图 2-6-4 所示(见书后附图)。

(三)设备选型

本项目采用博士(BOSCH)Praesideo 全数字化公共广播系统,它可以满足专业用户对公共广播/紧急广播的所有要求。音频信号和控制信号的处理和通信全部数字化进行,可以用

PC 进行设置,安装和调整的操作参数更加简单、方便。

1.LBB4401/00 网络控制器

网络控制器是整个公共广播系统的心脏。LBB4401/00 网络控制器可以控制 28 个音频通道的路由,为系统供电、提出故障报告和对系统进行控制,如图 2-6-5 所示。音频输入可以来自呼叫站、背景音乐或本机音频输入。可以独立工作或与 PC 连接,通过这台 PC 配置成任何复杂的公共广播配置。在与网路控制器相连的 PC 机上安装了诊断和记录软件后,这台 PC 可以显示系统中的任何状态变化。随机提供使用方便的配置和诊断软件。

图 2-6-5　LBB4401/00 网络控制器

网路控制器采用开放的协定,通过开放协定可以将 Praesideo 和第三方的系统集成,形成监测和记录功能。

2.LBB4430/00 基本呼叫站

呼叫站用于向指定的区域发出由人工控制的或预先录音的呼叫或执行一个预先定义的行动。呼叫站有一个键、一个固定的话筒和一个"按下即讲"健。话筒把讲话在网路上传送。呼叫站还有一个耳麦插口。一旦插上耳麦,话筒将静音。如图 2-6-6 所示。

3.LBB4432/00 呼叫站键盘

呼叫站键盘和基本呼叫站结合使用,用于向任何预定的区进行人工控制或预录音的呼叫或执行预定义的动作。呼叫站键盘有 8 个键,如图 2-6-7 所示。

图 2-6-6　LBB4430/00 基本呼叫站

图 2-6-7　LBB4432/00 呼叫站键盘

4.LBB442X 功率放大器

LBB442X 功率放大器具有冗余网络连接功能,放大器通道有音频处理,放大器通道有最大 1.2 s 的延时功能,耳机监听的 VU 表监视,8 路控制输入和 5 路控制输出,2~4 路当地音频输入可接入本地音源或话筒,扬声器线路监测,自动音量控制。如图 2-6-8 所示。有 3 个型号供选用:LBB 4422/00(2×250 W),LBB 4424(4×125 W)和 LBB 4428/00(8×60 W)。通过改变跳线可以在 100 V 或 50 V 之间选择输出电压。功率放大器上有 2×16 字元的显示器,用于故障监测和状态显示。设备可以自由放置在桌面上,或装入 19 英寸机架。

5.LBB4402/00 音频扩展器

音频扩展器既可以将外部音频讯号输入系统,也能从系统中提取音频信号,它还提供与外部连接的控制输入和控制输出。音频输入能永久地或有条件地发送到任何一个区或其他音频输出上,传送的路径由配置软件设置。音频扩展器有 4 个模拟音频输入,其中两个输入可在话筒和线路两者中选择,另外两个输入可固定为线路输出,可将两个单声道输入合成一个身历声输入,音频扩展器有 4 个模拟的线路音频输出,此设备可自由地放在桌面上,也可装入 19 英寸安装架,外形与网络控制器相同。

6.LBB4416/xx 网缆

黑色 PVC 缆,直径 7 mm。它有两根用于通信的塑胶光纤芯和用于两个供电的铜芯。供货时缆上已经安好了网路接头。这些网缆可以用于将网路控制器连接到功率放大器、音频扩展器、呼叫站等。

7.LBB4410/00 网络分路器

网络分路器用在系统安装时需从总缆中分出两个抽头的部位,它可以连到外部直流电源上或由网路控制器供电。如果连接到本地电源上,自动由本地电源供电。这样可以减少供给抽头的最大电能。

8.LBB4414/00 光纤界面

光纤界面用于系统安装时,需从玻璃光纤转换成塑胶光纤或需从塑胶光纤转换成玻璃光纤的地方。此设备支援有冗余线路的拓扑结构。它可由一个外部 DC 电源或网路控制器的电源供电。如果连接到本地电源上,自动由本地电源供电。光纤界面有两个 LED 用于检测,如图 2-6-9 所示。

图 2-6-8　LBB442X 功率放大器

图 2-6-9　LBB4414/00 光纤界面

9.LBB4417/00 套装网路接头

1 套网路接头包括 20 个,接头可以安装在 LBB 4416/00 网缆上。在把接头安装在网缆上时需要使用工具套件 LBB 4418/00。如图 2-6-10 所示。

10.LBB4418/00 工具套件

这一套工具包括以下物品:热镀工具、电接点的弯卷工具、金属包头弯卷工具、电线和光缆的剥皮工具、光纤的切割工具、抛光工具、Torx 螺刀、检查用放大镜、拆卸工具、说明书。

11.LBB4419/001 套网缆耦合器

网缆耦合器用于耦合网路光电合缆 LBB 4416/xx,以增长网缆的长度。

12.LHM0606/10 天花扬声器

LHM0606/10 9W/6W 天花扬声器如图 2-6-11 所示,有质优的前脸罩,极佳的频响。

图 2-6-10　LBB4417/00 套装网路接头　　图 2-6-11　LHM0606/10 天花扬声器

13.LBC3931/00 壁挂式扬声器

小型的 6 W(额定功率)音箱适合播放讲话和音乐,音箱外饰黑色,音箱背面有一匙形孔,便于挂装,如图 2-6-12 所示。背面的推入式接线板使接线方便。

14.LBC3491/12 号角扬声器

长方口的 10W 号角,适合用在 100 V 的公共广播系统中。扬声器接出 1 根 2 m 长的 2 芯电缆,穿电缆的孔用 ABS 塑料密封套盖住,如图 2-6-13 所示。IP65(防水级别),可防水及防尘。

图 2-6-12　LBC3931/00 壁挂式扬声器　　图 2-6-13　LBC3491/12 号角扬声器

四、任务总结

①公共广播系统工程是酒店智能化系统的重要部分,系统组成相对简单,建议利用 8 个课时完成。

②建议分组实施任务,3~4 人为一组,共同完成本项目。

③项目任务完成后,要进行任务成果分享。每一组都要讲解其实施过程、完成结果,由教师进行点评。

④任务结束后,学生要完成相应的实训报告书。

思考与练习

1.简述 IP 网络广播系统的优点。

2.简述公共广播系统的信号来源。

3.上网进行资料检索,简述商场公共广播系统与消防应急广播系统的区别及联系。

4.上网进行资料检索,列写市面上公共广播系统的品牌。

5.上网进行资料检索,列写公共广播系统相关的国家标准。

6.简述酒店公共广播系统与校园广播系统的不同之处。

项目三
安全防范系统(SA)的集成设计

安全防范系统(Security Automation System, SA)以维护社会公共安全为目的,运用安全防范产品和其他相关产品所构成的视频监控系统、入侵报警系统、出入口控制系统、可视对讲系统、电子巡更系统等,或由这些系统为子系统组合或集成的电子系统或网络。(GB 50348—2018)《安全防范工程技术标准》对安全防范工程的现场勘查、工程设计、施工、检验、验收等各个环节都提出了严格的质量要求。

任务一　视频监控系统的设计

教学目标

终极目标:会进行视频监控系统的集成设计。

促成目标:1.会撰写视频监控系统设计方案。

2.会绘制视频监控系统图。

3.会选择合适的视频监控设备。

工作任务

1.设计视频监控系统(以某酒店为对象)。

2.完成视频监控系统设备选型。

相关知识

《视频安防监控系统工程设计规范》(GB 50395—2007)中规定监控系统是由摄像、传输、控制、显示、记录登记5大部分组成。摄像机通过同轴视频电缆(双绞线或光纤)将视频图像传输到控制主机,控制主机再将视频信号分配到各监视器及录像设备,同时可将需要传输的语音信号同步录入录像机内。

随着光纤通信的不断发展,现代视频监控系统产品包含光端机、光缆终端盒、云台、云台解码器、视频矩阵、硬盘录像机、监控摄像机、镜头、支架等。这些产品可以简单分为监控前端、管理中心、监控中心、PC 客户端及无线网桥等,如图 3-1-1 所示。

通过控制主机,操作人员可发出指令,对云台的上、下、左、右的动作进行控制及对镜头进行调焦变倍的操作,并可通过控制主机实现在多路摄像机及云台之间的切换。利用特殊的录像处理模式,可对图像进行录入、回放、处理等操作,使录像效果达到最佳。

视频监控系统发展了短短二十几年时间,从 19 世代 80 年代模拟监控到火热数字监控再到方兴未艾的网络视频监控,发生了翻天覆地的变化。从技术角度出发,视频监控系统发展划分为:第一代模拟视频监控系统(CCTV);第二代基于"PC+多媒体卡"的数字视频监控系统(DVR);第三代完全基于 IP 网络的视频监控系统(IPVS)。大规模的网络视频监控系统业务尚处于起步探索阶段,网络化、数字化、智能化是视频监控的必然趋势。面对这个大趋势,视频监控在一些关键技术方面,还有待进一步改进。

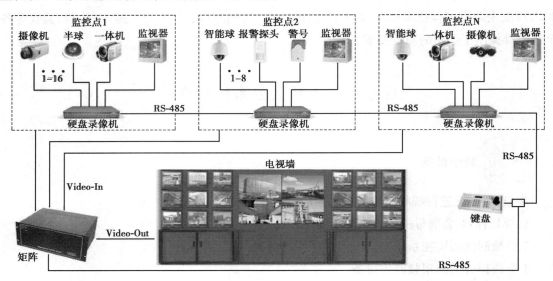

图 3-1-1　视频监控系统拓扑图

 **任务实施**

一、任务提出

现有一栋新建酒店,该酒店共 22 层(地下 1 层,地上 21 层)。本酒店需要安装先进的视频监控系统,请进行集成设计。

二、任务目标

①会撰写酒店视频监控系统设计方案。

②会画酒店视频监控系统图。

③会选择合适的视频监控设备。

三、实施步骤

(一)需求分析

本酒店视频监控系统需具有较高的稳定性、可靠性。尽可能多地采用先进、成熟的技术,以保证系统的先进性和时效性。系统应该具备数字化和管理的智能化。系统必须提供标准的开放接口,以便和其他系统连接。主机兼容性好,可控制多种不同品牌的快球摄像机、云台或其他监控设备。具有视频丢失报警功能。录像系统应由全实时数字硬盘录像机组成。

系统应满足的功能如下:

①系统可设置操作员权限,被授权的操作员具有不同的等级、操作权限、监控范围和系统参数。操作员可在系统的任一键盘监控站上,输入操作密码,对其操作权限所对应范围内的设备进行操作和图像调用。

②系统所有功能均可通过软件编程实现,以便最大限度地利用系统硬件实现最有效的控制,为操作者带来更多的方便和灵活性。

③系统菜单管理功能为系统的设置、维护等提供了详细的菜单管理器。其菜单操作可以因人而异,授予不同操作人员不同的控制级别。

④管理人员可以对整个系统进行逻辑编程,对系统的各种状态进行检测和响应,如报警输入状态、控制输出状态、视频故障状态、时间、日期、操作员登录、计时器状态以及其他系统变量等。

⑤系统应支持操作员按用户自定义的区域或预定顺序快速选择摄像机而非通过编号选择摄像机,以优化操作程序。

⑥系统可以设置安全巡更路由,切换序列可以跟踪安检人员的巡逻过程。

⑦系统可以对视频显示顺序进行动态编排,不拘泥于物理输入顺序,为系统管理提供方便。

⑧系统可分不同的阀值对摄像机的全部或部分视频信号和同步信号的丢失进行检测,当有视频丢失情况时则发出报警信号。

⑨系统启动、运行或任何系统出错、操作失误、警告及硬件故障时,都会在磁盘进行记录。记录包括时间、状态、原因以及相应的硬件编号等,同时也要对操作员的登录、菜单操作以及报警的产生和处理进行记录,以防有意的伪操作。记录存储 1 000 条以上。

⑩系统提供标准的、开放的接口,以便与多个第三家产品进行集成和联网。接口符合 IEEE-802 和国家相关等工业标准,支持 TCP/IP 通信协议。

⑪系统管理工作站具备完成监控系统的协调控制、冲突管理、资源分配、事件联动、系统功能设置、信息存储及记录等功能。系统可以设定任一监视器或监视器组作为特定的监

视器用于报警处理,报警发生时立即显示报警联动的图像并在工作站上显示该图像的位置。系统可联动录像设备,记忆多个同时到达的报警,并按报警的优先级别(如级别相同则按时间)进行排序。用于报警处理的监视器最先显示最高优先级的报警,并可逐个显示直到清空。当有多台监视器用于显示报警图像时,则监视器可按设置依次同时显示多路报警图像。

⑫抓拍报警画面。当报警发生时,报警联动的摄像机图像能切换在多媒体计算机上,并可通过操作对画面进行帧存储或帧打印。

⑬系统支持分别以摄像机、操作键盘、监视器、操作员指令为优先的操作优先级。

⑭系统的所有模块插板均可在线插拔,使整个系统可以不停机地进行在线维护。

⑮系统的摄像机画面需叠加年、月、日、时、分,编号与中文或英文地点名。

⑯系统应具有帧或场同步能力,使整个系统实现无抖动切换。

⑰系统应具有手动控制和自动控制两种功能。人工通过控制键盘可以选择视频图像,可以将关心的视频图像显示在规定的监视器上,可以控制摄像机的指向、镜头焦距等。

⑱当有几个监控室同时监控某一摄像机的图像时应按优先级别排队,主控室具有最高优先级。优先级可以对系统参数进行设置,还可对某个分控点的控制范围进行设定限制。

⑲系统应具有扩展功能,视频矩阵切换器的输入和输出端口应留有余量。

⑳系统应具有自检功能,通过主控键盘和视频矩阵切换器可以对系统的工作状态进行监视,对故障进行检测。

㉑系统应能够提供一独立平台(视频服务器)对每一台前端设备进行监视、控制和管理,包括:

a.应能提供前端设备的分布模拟地图,以便操作人员简单直观进行操作。

b.用鼠标点击分布图上的前端摄像机图标,即可显示该摄像机的显示图像,必须具备拖拽切换功能,既将摄像机拖至需要的监视器或显示窗口就可实现设备的切换。

c.设备发生故障或通信中断时,有声光报警或自动传呼以引起值班人员的注意,并可将情况打印出来,记录在 CCTV 数据库中。

d.以上这些控制管理功能可以通过软件提供的界面进行人工调整。

e.兼容模拟和数字系统,既可控制现有系统模拟矩阵主机,又可连接未来扩充的数字编码器,做到模拟和数字的集成。

㉒系统应具有自动报表生成工具。系统应具有查询定制工具,所查询结果可以打印,也可以根据需要生成某种标准格式的文件。

㉓若断电系统应能自保护,通电后系统能自动恢复到断电前工作状态。

㉔提供视频服务器分控系统,分控系统可设置不同的权限,但权限应低于视频服务器主控系统。

㉕要求闭路电视监控系统与其他系统联网。

(二)方案设计

本酒店监控系统采用数字高清网络监控系统,数字高清视频监控系统采用标准的局域网/城域网/广域网/互联网作为传送图像、声音和数据信息的核心线路,不需要采用复杂的模拟视频电缆将摄像机同监视器相连,而且克服了模拟视频监控系统的缺陷,能为用户带来最大的利益。本系统共由以下 5 部分组成:

①摄像部分:包括摄像机、镜头、防护罩、支架以及云台等。

②传输部分:包括各线缆、调制、解调器、线路驱动设备等。

③控制部分:包括摄像机调用、云台及照明控制、各系统间联动等。

④显示部分:包括图像的显示、多媒体图形显示、联动控制显示等。

⑤记录部分:包括图像的录制、报警后触发录制、其他系统联动等。

监控中心设立在负一层安防控制室,前端监控点采用分区供电方式,以就近的取电为原则,前端监控点通过视频同轴电缆和数据控制线与编码器连接,然后通过双绞线与接入层交换机相连,所有楼层的交换机通过光纤将视频信号传输到监控中心机房核心交换机上,再通过双绞线分别连接解码器(24 路)、硬盘录像机、客户端工作站及监控管理系统计算机,解码器连接24 台 21″显示器(电视墙)。通过中央控制室的管理服务器对摄像机进行图像的切换、云台的旋转、镜头角度的变换控制等,同时在电视墙上显示相关图像。本酒店系统图如图 3-1-2 中的视频监控系统图所示(见书后附图)。

本酒店视频监控系统前端监控点数量见表 3-1-1,监控点分布情况见项目六中的视频监控系统的施工平面图。

表 3-1-1　监控点表

序号	楼层	摄像机数量			
		枪式	半球	一体机	电梯专用
1	负 1 层	36	8		10
2	1 层	12	13	2	
3	2 层	18	2		
4	3~21 层的每层		3		
小计		66	80	2	10

本酒店项目共用 66 台高清晰度彩色枪式摄像机,80 台高清晰度彩色半球摄像机,两台清晰度室内彩色一体化快球型摄像机,以及 10 台电梯专用摄像机。本系统的所有设备电源全部由中央控制机房总配电箱敷设电源线至各楼层分配电箱,再由分配电箱敷设电源线至前端设备,在前端设备处设置变压器为前端设备供电;中央控制机房电源由总配电箱直接敷设电源线至相关设备处。

（三）设备选型

1.高清网络半球摄像机

EX-G2321-I 高清半球网络摄像机采用吸顶式安装风格设计,如图 3-1-3 所示。该摄像机内置云台,高解析度 CMOS 在你远程监视和接收摄像机捕获的视频和声音时,您可以通过中瀛鑫专业视频监控平台直接进行快照和记录,并保存到本地硬盘上。

产品采用吸顶式结构,美观大方,520 线最高解析度,支持心跳、报警、语音对讲、用户管理等功能齐全。支持完整的 TCP/IP 协议族,支持视频、报警、语音数据。内置 Web 浏览器,支持 IE 浏览。低照度自动转换,真彩色还原。16 个红外灯,红外距离 12 m。

图 3-1-3　高清半球网络摄像机

图 3-1-4　网络摄像高速球机

2.网络摄像高速球机

EX-G301 网络摄像高速球机采用索尼 CCD,精密点击驱动,反应灵敏,运转平稳,任何速度下无抖动,支持心跳、报警、语音对讲、用户管理等功能,如图 3-1-4 所示。低照度自动转换,真彩色还原,适用厂房、广场、学校操场、走廊、大厅等类似场所。

3.高清枪型网络摄像机

EX-G2532 高清枪型网络摄像机最高像素可达 310 万,最高分辨率可达 2 048×1 536,低照度效果佳,如图 3-1-5所示。标准 H.264 压缩算法,支持双码流,支持 IE,Firfox,Chrome 等浏览器,支持手机监看。兼容 iPhone,Android 多种智能手机操作平台;支持中瀛鑫视频发布系统,支持 LAN 和 Internet(ADSL、Cable Modem);支持多个用户同时浏览,支持系统在线升级,异常自动恢复功能,网络中断自动连接功能;支持本地及网络存储功能,集成

图 3-1-5　高清枪型网络摄像机

多种网络存储协议;提供看门狗、移动检测(区域、灵敏度可设)和外接传感器报警功能;支持双向语音对讲和语音广播、I/O 告警、RS485 控制功能;自动白平衡、自动增益功能,支持模拟视频输出;符合 IP66 防水防尘设计,安全可靠性高;CDS 光控设计,IR-CUT 双滤光片自动切换和延迟技术,实现真正的日夜监控;内置长寿命、高效红外发射组件,采用非球面 IR 镜头,影像锐利清晰不扭曲。

4.网络视频服务器

EX-G501 网络视频服务器含有 1 个 RS485 接口,两路开关量输入,常开常闭可设,如图 3-1-6所示。1 路开关量输出,120VAC 1A/24VDC 1A,支持双码流、FTP 协议、RSTP 协议、手机监视、WiFi 网络。1 路 MIC 接口,1 路线性输出。支持通道名、日期时间、码流信息叠加,叠加位置用户可调。SD 卡可支持录像存储和抓拍,SD2.0 标准,最大容量 32 G。

图 3-1-6 网络视频服务器

5.EX-H3C S5500-SI 千兆以太网交换机

H3C S3100 系列千兆以太网交换机是 H3C 公司秉承 IToIP 理念设计的二层线速智能型可网管以太网交换机产品,具有千兆上行、可堆叠、无风扇静音设计、完备的安全和 QoS 控制策略等特点,满足企业用户多业务融合、高安全、可扩展、易管理的建网需求,适合行业、企业网、宽带小区的接入和中小企业、分支机构汇聚交换机,如图 3-1-7 所示。通过增加设备来扩展端口数量和交换能力,多台设备之间的互相备份增强了设备的可靠性。

图 3-1-7 H3C S3100 交换机

6.EX-H3C S5500-SI 系列以太网交换机

H3C S5500-SI 系列交换机是 H3C 公司自主开发的全千兆三层以太网交换机产品,具备丰富的业务特性,提供 IPv6 转发功能以及最多 4 个 10GE 扩展接口,如图 3-1-8 所示。通过 H3C 特有的集群管理功能,用户能够简化对网络的管理。S5500-SI 系列千兆以太网交换机定位为企业网和城域网的汇聚或接入,同时还可以用于数据中心服务器群的连接。

S5500–20TP–SI

图 3-1-8 H3C S5500-SI 系列交换机

7.EX-H3C Neocean VX1500 网络存储系统

Neocean VX1500 是 H3C 为监控解决方案量身定制的具备极高性价比的 IP 存储产品,稳定可靠、性能优异、简单易用、管理方便,并可动态扩展,轻松满足监控应用方案中的存储需求,如图 3-1-9 所示。

图 3-1-9 网络存储系统

8.EX-E2000 综合管理平台

该平台采用 C/S 和 B/S 构架,兼容 SQL 和 Oracle 数据库,根据具体的系统容量选择不同的数据库,系统将管理、流媒体服务、客户端、数据存储分开,并且支持 NAS 存储,如图 3-1-10 所示。系统做到统一管理,并且能够分级管理。该平台分为管理服务器、数据库服务器、RVS 流媒体服务器、APS 报警处理服务器、客户端、虚拟矩阵 6 部分。本套系统提供多个存储服务器以及 FOS Service(故障切换服务)。在存储服务器损坏的情况下,自动切换,确保故障损失最低。通过电子地图功能可以实现与入侵报警系统联动,并能选择自动驱动云台前往预置位进行观看。

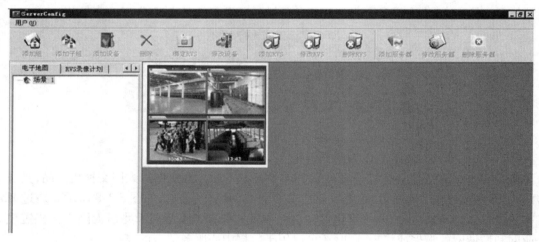

图 3-1-10 综合管理平台

四、任务总结

①视频监控系统是酒店智能化系统的重要部分,本次任务较复杂,建议利用 16 个课时完成。

②建议分组实施任务,3~4 人为一组,共同完成本项目。

③项目任务完成后,要进行任务成果分享。每一组都要讲解其实施过程、完成结果,由教师进行点评。

④任务结束后,学生要完成相应的实训报告书。

思考与练习

1.简述视频监控系统的组成。

2.上网进行资料检索,列写市面上视频监控的所有品牌。

3.上网进行资料检索,列写视频监控系统相关的国家标准。

4.简述 IP 网络视频监控系统与模拟视频监控系统的区别。

5.简述交换机的功能。

6.学校教学楼需要安装视频监控系统,简述摄像机的安装原则及安装位置。

任务二 入侵报警系统的设计

教学目标

终极目标:会进行入侵报警系统的集成设计。

促成目标:1.会撰写入侵报警系统设计方案。

　　　　　2.会绘制入侵报警系统图。

　　　　　3.会选择合适的入侵报警设备。

工作任务

1.设计入侵报警系统(以某酒店为对象)。

2.完成入侵报警系统设备选型。

相关知识

在《入侵报警系统工程设计规范》(GB 50394—2007)中将入侵报警系统定义为:利用传感器技术和电子信息技术探测并指示非法进入或试图非法进入设防区域(包括主观判断面临被劫持、遭抢劫或其他危急情况时,故意触发紧急报警装置)的行为、处理报警信息、发出报警信息的电子系统或网络。通常意义上指的是对公共场合、住宅小区、重要部门(楼宇)及家居安全的控制和管理。

入侵报警系统的设备一般分为前端探测器和报警控制器。报警控制器是一台主机(如计算机的主机一样),用来控制包括有线/无线信号的处理、系统本身故障的检测、电源部分、信号输入、信号输出、内置拨号器等这几个方面。一个入侵报警系统中报警控制器是必不可少的,如图 3-2-1 所示。前端探测器包括门磁开关、玻璃破碎探测器、红外探测器和红外/微波双鉴器、紧急呼救按钮。

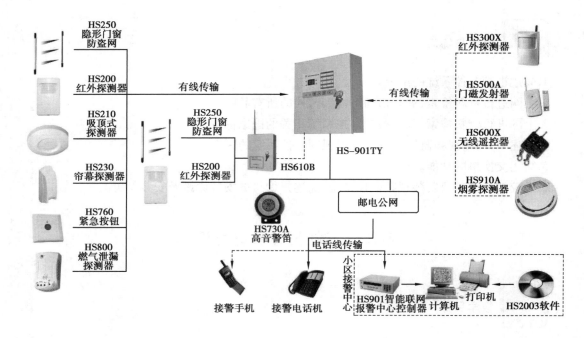

图 3-2-1　入侵报警系统的组成

 **任务实施**

一、任务提出

现有一栋新建酒店,该酒店共22层(地下1层,地上21层)。本酒店需要安装先进的入侵报警系统,请进行集成设计。

二、任务目标

1.会撰写酒店入侵报警系统设计方案。

2.会画酒店入侵报警系统图。

3.会选择合适的入侵报警设备。

三、实施步骤

(一)需求分析

确保酒店的安全是酒店安防的工作重点,入侵报警系统的有机组合设计应用,能大大提高安保工作水平。入侵报警系统是利用探测器装置(探头)对建筑物内外重要地点和区域进行布防、探测。当探测器探测到非法侵入,报警器工作状态变为报警状态。同时,与之联动的其他系统也将启动,并将报警信号传递给报警控制主机,主机通过声、光报警,通知当事人。

1.被动入侵报警

针对下列场所设置红外/微波双鉴探测器进行布防:首层主要出入口、负一层楼梯出入口、生活水泵房、水箱房、变配电高低压室、IT机房、财务室等。一旦有侵入情况发生即发出报警

104

信号将情况反馈至安防控制中心。

2.主动报警

主要在下列场所安装紧急报警按钮:大堂服务台、财务室、安保控制室、变电所值班室等,发生意外紧急情况时可及时向安保控制室报警。另外,在残疾人卫生间设置紧急报警(求助)按钮,保证在紧急情况发生时可以人为主动报警。

本系统采用报警信号与摄像机进行联动,构成点面结合的立体综合防护;系统能按时间、区域、部位任意设防或撤防,能实时显示报警部位和有关报警资料并记录,同时按约定启动相应的联动控制;系统具有防拆及防破坏功能,能够检测运行状态故障;所有的控制集中在中心控制室管理,整个系统构成立体的安全防护体系,当系统确认报警信号后,自动发出报警信号,提示相关管理人员及时处理报警信息。

酒店日常的警情处理由酒店保安部门管理,而本系统预留可以和当地110区域报警中心联网的接口,对于特殊、紧急、危险等非报不可的警情,在得到确认后,安防控制中心的值班人员可以启动紧急报警按钮,通过电话线将报警信号传输到当地的110区域报警中心。

为确保现代化管理设备的先进性和可靠性,在选用器材设备上,采用国外处于领先地位的新技术、新设备。使用智能化控制系统,相互联动。

(二)方案设计

入侵报警系统的安装主要采取"集中监控,统一管理"的方针,即在负一层建立控制中心,系统采用在消防控制室与安防监控系统进行联动。在每一楼层的弱电间布放总线扩展模块,本楼层报警控制器统一接入扩展模块,再由总线连到总控中心主机,进行集中管理。

入侵报警系统一般由探测器、前置报警器(收集器)和报警控制主机3个部分组成。探测由探测器(探头)来完成,探测器是由传感器和信号处理器组成的用来探测入侵者入侵行为的电子和机械部件组成的装置。探测器主要有红外/微波双鉴探测器、紧急报警按钮等,它们是入侵报警系统的重要组成部分。

红外探测器的布置原则:酒店区域所有能出入酒店的通道、楼梯口、电梯厅、手扶梯口。以及酒店区域的财务办公室、水泵、水箱房、变电站、热交换机房、冷冻机房、贵重物品寄存处等各功能房,同时设计有撤防键盘,可以延时报警,以便正常进入的人员有时间进行撤防。布撤防键盘自带6个可编程防区,可发送布/撤防及每个防区的报警信息。所有布撤防键盘都是并联在RS485总线上,减少很多接线的麻烦。布撤防键盘可设盗警、火警、紧急等防区类型。使用密码可直接布/撤防,可接各类探测器并支持无线功能。

紧急报警按钮的布置原则:财务办公室、酒店区餐厅、酒吧收银处、无障碍客房的客房及卫生间(卫生间内紧急按钮联动房间内声光报警器)、公共区域的残疾人卫生间(卫生间内紧急按钮联动房间外声光报警器)、酒店区域的各水疗房(如桑拿房、蒸汽房、按摩浴缸等)。

入侵报警系统主要使用了报警主机,利用总线技术,连接各个楼层的报警输入模块和布撤防键盘,最后汇总到消防控制室,起到集中控制的目的。而在消防控制室,还可使用计算机及专用软件进行监控,更加直观。也可以连接继电器输出、驱动模拟显示、视频矩阵联动等。每台中心报警主机提供两条总线,每条总线最多可接120个带地址码的总线模块,所有总线均采用优质的2×1.5 mm的屏蔽双绞线,最远距离可达1 200 m;每台中心接收主机最终最多支持

10 000 个总线地址码模块,如果是用布撤防键盘作为用户报警键盘,则支持 10 000 个报警用户/报警组别。

一层运动室的窗上安装主动红外对射报警探测器,如图 3-2-2 所示。当有人横跨过监控防护区时,遮断不可见的红外线光束而引发警报。红外对射探头要选择合适的响应时间:太短容易引起不必要的干扰,如小鸟飞过、小动物穿过等;太长会发生漏报。通常以 10 m/s 的速度来确定最短遮光时间。若人的宽度为 20 cm,则最短遮断时间为 20 ms。大于 20 ms 报警,小于 20 ms 不报警。

图 3-2-2　主动红外对射报警探测器

入侵报警系统并不是光束越多、功率越大就越好,还必须考虑防区的规划,也就是人为划分的一个报警防范区域。防区的概念来自于开关量,对于一套报警探测器而言,一般在进行报警工作时,产生一个开关量信号,该信号传输给报警主机后,产生报警信息。因此,理论上说,报警点布置得越周密,报警信息产生后显示的物理定位越准确,但工程成本显然也就更高。在一个入侵报警系统中,如何设置防区组建报警系统,又能控制成本,必须根据现场的实际和相关配套设备的选形来确定。

本酒店入侵报警系统如图 3-1-2 所示。

（三）设备选型

本系统采用霍尼韦尔(Honeywell) VISTA 系列入侵报警设备,如图 3-2-3 所示。

图 3-2-3　入侵报警设备

1.VISTA-120/250 总线制大型控制主机

VISTA-120/250 是一款先进的多功能控制主机，每台报警主机包含 9 个基本接线防区，使用有线、总线及无线防区，可扩充多至 128/250 个防区，如图 3-2-4 所示。可以设 150 组使用者密码，划分为 7 个用户级别；可记录 224 宗事件，由键盘显示，也可接打印机输出。报警信号连入 VISTA-120/250 报警主机，主控电脑就可监控、显示、处理这些报警信号，并可控制一路或多路继电器作灯光、录像、警号等控制，并实现 110 报警联动功能。

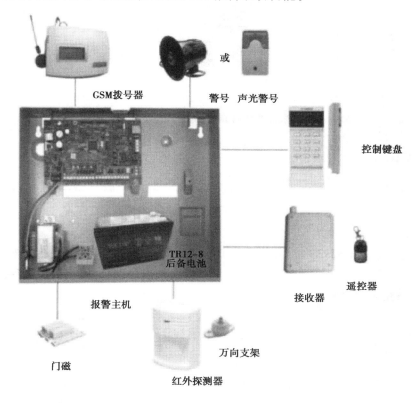

图 3-2-4　入侵报警主机

2.IP-ALARM 报警管理软件

作为入侵报警系统的核心，其软件功能需要实现多种集成的功能。其可以进行系统的日常管理和突发的警情处理功能；还要为入侵报警系统与其他安防子系统提供必要的接口和集成方式。因此，在入侵报警系统当中选用了 HONEYWELL 公司 VISTA 系列的入侵报警管理软件 IP-ALARM，如图 3-2-5 所示。详尽的电子地图功能，用户可以设置多级电子地图，在地图上设置用户、防区、关联点等，报警时以详尽的声光显示提示操作员。

3.IP2000 网络接口模块

在具体工程项目当中，如果需要考虑到施工布线、工程造价、远程控制等诸多因素，可选用 IP2000 网络接口的形式进行报警管理主机和多台报警控制主机之间的 TCP/IP 的网络通信模式。该模块可以实现双向通信，进行接警和主机控制，每只 IP2000 可以模拟 8 个键盘以及 1 个 4100SM 串口模块（使用时注意键盘总线上不要添加键盘以外的设备，如 4204，5881 等）。

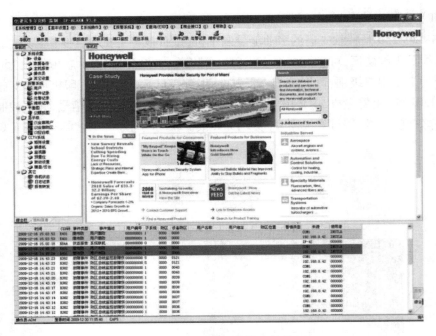

图 3-2-5　入侵报警管理软件

4.4100SM 串行接口模块

当系统需要通过 RS232 串口方式进行其他系统联动时,可选用串行接口模块进行扩展。该模块为单向通信模块,只可以接警,不能控制主机。

5.6160 可变文字英文键盘

6160 可变文字英文键盘包含两行 32 个可变字符显示键盘,可为每一个防区编制描述符,内置用户手册,用于具有下载功能的主机时,可显示下载信息,软按键具有背光显示及声音提示,内置发声器和状态指示灯,供电:12V DC,90 mA;尺寸:156 mm×117 mm×27 mm,如图 3-2-6 所示。

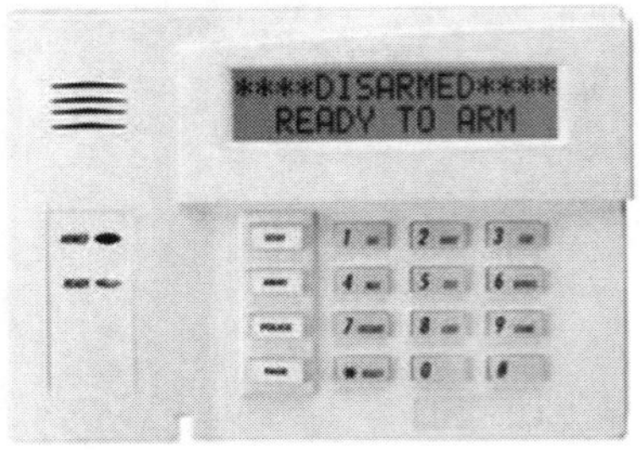

图 3-2-6　6160 可变文字英文键盘

6.4193SN 总线防区输入模块

由于 VISTA 是总线扩展型的防盗控制主机,因此需要在每个报警器前端安装相应的总线防区输入模块,以便于主机识别不同地点的不同防区探测器。

7.4208SN 8 防区总线扩展模块

可接入 8 个有线防区,采用自学习模式来识别 8 个防区,前两个防区可通过 DIP 开关选择正常模式或快速反应模式,所有的防区均带 EOL 监控,外壳防拆保护。

8.4204 继电器模块

每个 4204 继电器模块提供 4 个可编程的 C 型(SPDT)继电器输出。通过多台 4204 最多可为 VISTA-120 大型控制主机提供 32 路继电器输出。该模块通过与键盘并联的方式接入系统,可为系统提供联动灯光、警号、扬声器、开门等接口,还可联动 CCTV 系统的前端摄像机、其他的第三方系统或设备。

9.4297增强型总线延伸模块

若所需总线回路长度超过最大允许长度(1 220 m),就需要一个4297接到第一个回路末端以延伸回路,若总线回路电流消耗超过128 mA,则用4297可提供额外128 mA的电流连到总线回路。连接到总线回路,用辅助电源对模块供电。可选择延伸回路是否和输入回路隔离,默认的是采用隔离方式,只有主机提供短路指示时才可以选用非隔离方式。

10.DT7225双鉴探测器

DT7225双鉴探测器适用于普通场合外,还适用于仓库、密室等温度异常的特殊场合,无报免疫性高,如图3-2-7所示。具有极佳的抗误报及捕获能力、内置温度补偿及微波抗干扰功能,适应在多种冷热环境使用,K-波段微波探测技术能进一步抑制误报,并使探测器灵敏度提高,ABS外壳坚固耐用,防震功能极佳。

11.DT7435双鉴探测器

DT7435双鉴探测器具有防宠物功能,防误报性能更高,适用于高档住宅、写字楼等,外形如图3-2-7所示。能防止45 kg重的动物引起的误报,内置微处理器对输入的红外和微波信号进行分析及处理。采用K波段微波技术及特制赋形天线,能更好地捕获信号及防止误报。灵敏度均一的光学系统,解决了被探测主体近大远小的误差。自适应微波系统,避免因电扇等动作引起的误报。带有下望窗功能。加电/定时自检保证了探测器的正常工作,可根据环境进行灵敏度等的调节。

12.DT900/DT906商业级双鉴探测器

DT900/DT906商业级双鉴探测器适用于机场、大堂、大型仓储、商场等场所,外形如图3-2-7所示。内置微处理器的双鉴/防遮挡探测器,特制赋形天线提高灵敏度,降低误报,红外/微波及带主动红外的防遮挡功能三技术合一,防遮挡功能可大大增强系统的安全性及防破坏能力,长距离反射光学镜头,可保证探测器在长距离的情况下依然保持良好的探测性能。全密封的防虫设计。

图3-2-7　DT7225双鉴探测器

图3-2-8　DT6360STC智能型吸顶式双鉴探测器

13.DT6360STC智能型吸顶式双鉴探测器

适用于无法墙装在对面式玻璃幕墙或中间有遮挡(如图书馆、货架等)的场合,如图3-2-8所示。同时,嵌入式安装更加美观、隐蔽。红外/微波双技术。特制赋形天线提高灵敏度,降低误报。内置微处理器,微波探测范围可调,双元PIR元件。全功能自检,外壳及天花防拆开关,自动温度补偿,抗辐射干扰。

14.DT7388数字式变频主动红外探测器

抗强光达50 000 Lx,内置自动调节强光过滤系统,避免受强光或汽车灯光的影响,如图

3-2-9所示。全密封防雨(雾)、防尘(虫)等的一体化结构设计使其能在恶劣的环境中正常工作。特殊的抗环境(如雨雪)等能力,当遇到浓雾或天气恶劣时探测器会自动增强灵敏度。独有位移接收、大功率发射器件,功率余度达90%。独特的数字滤波电路设计,抗邻频干扰。专用DSP芯片,专利多维容错,全功能诊断,环境自适应,故障锁定。采用长寿命无触点、低电压、微功耗固态继电器。射束遮断周期可调,更加灵活,适应性强。自动环境识别电路(EDC),可以避免墙壁等反光干扰。

图 3-2-9　数字式变频
主动红外探测器

四、任务总结

①入侵报警系统是酒店智能化系统的重要部分,本次任务较复杂,建议利用12个课时完成。
②建议分组实施任务,3~4人为一组,共同完成本项目。
③项目任务完成后,要进行任务成果分享。每一组都要讲解其实施过程、完成结果,由教师进行点评。
④任务结束后,学生要完成相应的实训报告书。

 思考与练习

1.简述入侵报警系统的组成。
2.上网进行资料检索,列写市面上的入侵报警系统的品牌。
3.上网进行资料检索,简述电子围栏的设计原则。
4.上网进行资料检索,列写入侵报警系统相关的国家标准。
5.简述入侵报警系统如何与视频监控系统进行联动。

任务三　可视对讲系统的设计

 教学目标

终极目标:会进行可视对讲系统的集成设计。
促成目标:1.会撰写可视对讲系统设计方案。
　　　　　2.会绘制可视对讲系统图。
　　　　　3.会选择合适的可视对讲设备。

 工作任务

1.设计可视对讲系统(以某酒店为对象)。
2.完成可视对讲系统设备选型。

相关知识

可视对讲系统提供访客与住户之间双向可视通话,达到图像、语音双重识别从而增加安全可靠性,同时节省大量的时间,提高工作效率。家内所安装的门磁开关、红外报警探测器、烟雾探测器、瓦斯报警器等设备连接到可视对讲系统的室内机上以后,可视对讲系统就升级为一个安全技术防范网络,它可以与住宅小区物业管理中心或小区警卫有线或无线通信,从而起到防盗、防灾、防煤气泄漏等安全保护作用,为屋主的生命财产安全提供最大限度的保障。

《楼宇对讲电控防盗门通用技术条件》(GA/T 72—2013)中指出可视楼宇对讲系统是由门口主机、室内可视分机、不间断电源、电控锁、闭门器等基本部件构成的连接每个住户室内和楼梯道口大门主机的装置,在对讲系统的基础上增加了影像传输功能。如图 3-3-1 所示。

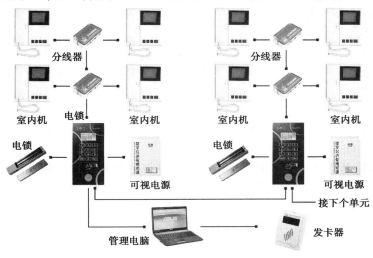

图 3-3-1　可视对讲系统的组成

任务实施

一、任务提出

现有一栋新建酒店,该酒店共 22 层(地下 1 层,地上 21 层)。本酒店需要安装先进的可视对讲系统,请进行集成设计。

二、任务目标

1.会撰写酒店可视对讲系统设计方案。
2.会画酒店可视对讲系统图。
3.会选择合适的可视对讲设备。

三、实施步骤

(一)需求分析

本酒店负一层主要用来办公(办公室)及安放弱电设备控制设备(功能室),因此,在负一层的几个入口处均应安装可视对讲系统,本可视对讲系统应具有以下几方面的功能:访问对讲功能、户户对讲功能、多方通话功能、安防报警功能、视频监控功能、电梯联动功能(扩展功能)、信息发布功能、门禁管理功能。

1.访问对讲功能

访客的呼叫采取两次确认模式,即在每个出入口设立可视对讲机(围墙机),访客与被访者进行对讲通话,经过确认后,访客进入负一层,此为一次确认。访客来到相应的办公室或功能室后,通过该办公室或功能室可视对讲门口机与被访者再次通话,确认后开启电控门,此为二次确认。并且门口机有图像抓拍功能,室内机可存储门口机抓拍的图像,两次确认的方式可对访客进行严格有效的出入控制,进一步保障办公室及功能室的安全。

2.户户对讲功能

对讲系统室内机具有局域网户户对讲功能,即在同一个工作区内任意两个室内机之间可实现呼叫对讲,此功能完全基于对讲局域网,无须任何费用,充分利用了可用资源。

3.三方通话功能

①来访者与用户(被访者)通话:客人来访,通过门口机拨打住户号码,对应的室内机即发出铃声,同时将来访者图像传至室内机可视模块。点触接听键即可通话。

②来访者与管理中心通话:访客通过门口机,可呼叫住户与管理中心,实现双向对讲。

③管理中心与用户通话:管理中心有事通知用户,也可通过管理机拨通用户分机,与用户实现双向对讲;用户可通过室内机直接呼叫管理中心,同时管理中心会显示出该用户的信息。

4.安防报警功能

室内对讲分机具有 8 个安防接口,可实现用户安防报警及紧急求助。室内机自带一个SOS 紧急求助键,实现远程紧急求助。

5.视频监控功能

用户和管理中心可通过门口机内置的摄像机监视周围环境,实现视频监控功能。门口机内置高性能监控级别的摄像机。

6.电梯联动功能

(1)访客呼梯

实现"开门+呼梯+梯控"三大功能,即访客通过门口可视对讲呼叫用户,用户确认后远程打开电控门并自动呼梯至负一楼,同时系统自动开放指定楼层权限。自动开放指定楼层权限、开放时间自主设定。有卡住户如尾随,可通过梯控读头开放相应权限,避免二次门口机认证。

(2)用户呼梯

实现"开门+呼梯+梯控"三大功能,即可视对讲主机刷卡开门、自动呼梯至一楼、电梯轿厢需二次刷卡运行至指定楼层。

7.信息发布功能

(1)信息群呼

管理中心通过信息发布软件编辑特定的文字信息(如天气预报、小区活动、收费通知等),向所有用户发送,所有用户均可收到相同的信息。

(2)信息指定发送

管理中心通过信息发布软件编辑特定的文字信息(如催交物业费等),按房号等信息向指定用户发送。

(3)信息查询

所有发送的信息可通过信息发布软件进行查询并打印。

8.门禁管理功能

（1）遥控开锁

访客呼叫用户后，主人如需接见访客，只要按下室内机开门键，大门即自动打开。访客进入后，大门自动关闭；中心管理员可通过管理机也可遥控开启各楼栋门口电锁。

（2）密码开锁

用户通过密码也可开启大门，用户能随时更改自己的密码，安全、方便。

（3）感应卡开锁

用户使用感应卡可开启通往负一层的各出入口大门。

（二）方案设计

本系统在满足高性价比的同时，力求技术先进、功能全面、稳定可靠、实用简单；总体设计目标是建立一个标准、开放的现代化智能化系统，满足当前和将来发展的需要。在方案设计中考虑可行性及适用性、先进性和可靠性、开放性和标准性、可扩展性和易维护性、可定制性和美观性等原则。室内机的 WiFi 模块可连接办公用无线 AP，为未来智能家居的扩展提供了云端到终端的全套载体。

针对本项目可视化对讲系统要求，本系统由前端设备（室内机、门口机、围墙机）、传输系统（网络交换机）、管理中心 3 部分组成。系统结构示意图如图 3-3-2 所示。

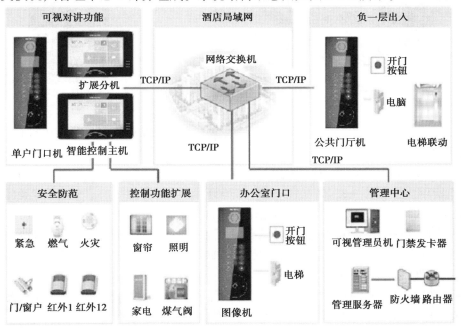

图 3-3-2　酒店可视对讲系统示意图

酒店可视对讲通过 TCP/IP 协议联网，所有的音频、视频、控制信令等全部通过 TCP/IP 传输。各室内机、门口机、围墙机通过网络交换机后，再经光纤收发器到中心网络交换机，中心网络交换机通过直接和管理机相连，当距离较远时，由于数据通过光纤传输，信号抗干扰能力大大增强。电源可采用独立或集中供电。

根据需求分析、方案设计及有关国家标准，设计本酒店可视对讲系统如图 3-3-3 所示（见书后附图）。

（三）设备选型

本系统采用海康威视可视对讲产品。

1.DS-KM8301 中心管理机

DS-KM8301 中心管理机可呼叫室内机、监视门口机，与单元门口机通话开锁功能，方便高效地管理社区，如图 3-3-4 所示。玻璃面板，铝合金支架。支持视频监控，信息可视化、扁平化的友好操作界面设计，硬件噪声抑制与回声消除，保证话音质量清晰明亮，支持免提功能、报警处理功能，支持远程开锁，支持桌面和壁挂，采用大屏幕 TFT 屏显示界面，中文操作提示，直观实用。

图 3-3-4　DS-KM8301 中心管理机

图 3-3-5　DS-KD8102-2 门口主机

2.DS-KD8102-2 门口主机

DS-KD8102-2 门口主机具有高清监控（最大 1 280×960 30 fps 分辨率，宽动态，120°广角），如图 3-3-5 所示。智能补光；门禁功能，支持密码开锁、呼叫管理中心开锁、可扩展门禁开锁；支持本地发卡功能，支持访客留言、开锁抓拍图片自动上传；支持电梯联动；报警功能（门磁报警、防拆报警）；硬件噪声抑制与回声消除，保证话音质量清晰明亮；红外人体检测功能；工程安装便利性（远程升级、刷机配置、U 盘升级）；直接呼叫分机或管理中心实现双向对讲。

3.DS-KH8301-A 室内分机

DS-KH8301-A 室内分机采用玻璃面板，银色拉丝边框，皮纹后壳，如图 3-3-6 所示；多种颜色，黑银（黑金、白金、白银可选）；信息可视化、扁平化的友好操作界面设计；支持视频监控；留影留言功能；自动应答与免打扰功能；隐私保护；硬件噪声抑制与回声消除，保证话音质量清晰明亮；报警功能（8 路防区接入，SOS 紧急求助）；小区公告；工程安装便利性（挂板支架、刷机配置、SD 卡升级、网线）；可扩展电梯联动功能。

图 3-3-6　DS-KH8301-A 室内分机

4.管理中心软件

海康威视安防综合管理平台以智能、高效、安全、科学为设计原则,为客户提供了完善的可视对讲业务流程支持。基于用户的实际需求,实现了多方通话、门禁控制、报警管理、消息推送、数据存储、远程控制等功能,如图 3-3-7 所示。平台采用模块化设计,使用专业的大型数据库系统作为数据存储载体,整个系统能够长期高效稳定地运行。

图 3-3-7 海康威视安防综合管理平台

四、任务总结

①可视对讲系统是酒店智能化系统的重要部分,本次任务较简单,建议利用 8 个课时完成。

②建议分组实施任务,3~4 人为一组,共同完成本项目。

③项目任务完成后,要进行任务成果分享。每一组都要讲解其实施过程、完成结果,由教师进行点评。

④任务结束后,学生要完成相应的实训报告书。

思考与练习

1.简述可视对讲系统的组成。

2.简述可视对讲系统如何与视频监控系统集成。

3.上网进行资料检索,列写市面上可视对讲的主流品牌。

4.上网进行资料检索,列写可视对讲系统相关的国家标准。

5.上网进行资料检索,简述未来可视对讲系统的发展方向。

任务四 一卡通系统的设计

教学目标

终极目标:会进行一卡通系统的集成设计。

促成目标:1.会撰写一卡通系统设计方案。

2.会绘制一卡通系统图。

3.会选择合适的一卡通设备。

工作任务

1.设计一卡通系统(以某酒店为对象)。

2.完成一卡通系统设备选型。

相关知识

2015 年,我国出台了 GB/T 31778—2015《数字城市一卡通互联互通通用技术要求》国家标准。真正意义上的一卡通系统可用 3 个"一"来概括:

①一卡多用:凭同一张 IC 卡实现门禁、考勤、消费、停车、巡更、图书管理等功能。对于酒店一卡通系统来说,主要用于客房门锁、员工考勤、消费、门禁系统、停车场系统等,如图 3-4-1 所示。

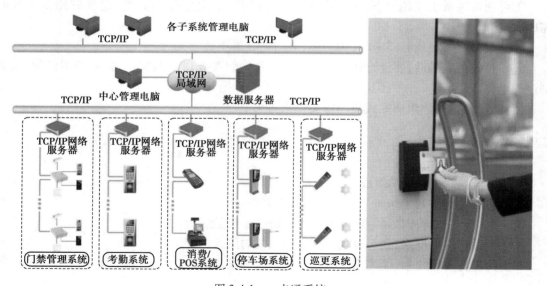

图 3-4-1 一卡通系统

②一个数据库：统一的管理界面、统一资料录入、统一卡片授权、统一数据报表、使各子系统数据达到共享。

③一个发卡中心：基于 TCP/IP 协议及 Socket 通信方式，使得所有 IC 卡在管理中心授权发卡(挂失)后，无须再到各子系统进行授权操作，便可使用。整个系统采用二级网络结构，中心服务器与各子系统工作站间交换的数据量大，对速度要求较高，因此采用星形网络结构；而各个子系统工作站与子系统内的信息点之间采用工业现场控制总线方式 RS-422 连接。系统采用 TCP/IP 协议，彻底解决了多个站点同时操作带来的并发冲突问题。

 任务实施

一、任务提出

现有一栋新建酒店，该酒店共 22 层(地下 1 层,地上 21 层)。本酒店需要安装先进的一卡通系统，请进行集成设计。

二、任务目标

①会撰写酒店一卡通系统设计方案。

②会画酒店一卡通系统图。

③会选择合适的一卡通设备。

三、实施步骤

(一)需求分析

酒店利用先进非接触式读写技术、IC 卡技术及通信技术来实现考勤、门禁、停车、消费、巡更等的"一卡通"，使得人力资源部门的管理更加先进、完善，为管理层提供了决策、组织、指挥、控制、协调职能的依据。

1.本酒店一卡通系统需包括的子系统

(1)智能卡门锁管理系统

卡内有对应的房间号(可以是不在同一楼层的若干个房间或一个套间内的几个内间)和开门期限,每次开门,智能卡插入门锁拔卡,指示灯亮后转动把手门即开启。每次开门后,门锁都会记录包括卡号、日期、时间、房号等在内的信息。

(2)智能卡储蓄消费管理系统

去餐厅用餐或到健身场所消费时,可凭智能卡付款。避免了现金或代价券的找零和细菌的交错传播,且结算方便、快捷、省时。消费时只要将智能卡插入消费机内,营业员即可根据消费金额扣除,完成本次交易工作。

（3）智能卡考勤管理系统

根据本单位的考勤制度，每次出入，将卡插入考勤机内，屏幕马上显示该员工的姓名及部门，并显示"OK"即可完成本次的考勤工作。考勤机内记录每位员工的出入情况，包括卡号、日期、时间、上下班或非正常出入的原因等。

（4）智能卡保安巡更管理系统

巡检时，巡逻棒只要轻轻碰触巡检点的信息纽扣（巡更点），就可记录当时巡检的日期和时间。

（5）智能卡酒店员工餐饮管理系统

此系统是消费管理系统中的酒店员工消费，酒店可以选择不同的员工餐饮软件，例如，计次消费、考勤卡、餐饮联动等，配合消费机使用。

（6）智能卡酒店停车场管理系统

酒店客人刷门卡停放车辆，员工刷考勤卡，酒店零时客人可在停车场入口管理处经身份认证后发放零时卡进入停车场。

2.酒店一卡通系统的功能

（1）系统信息

按树型结构建立单位各部门档案，按物理拓扑结构建立营业组档案、卡类别档案、POS 机档案、终端机档案。

（2）IC 卡（会员）管理

完成用户卡的开户、更改、发卡、挂失解挂、注销、补卡、充值、统计等操作。

（3）日常操作

完成数据采集、终端设置、传黑名单、上传交易记录、上传充值记录、上传新增名单等日常操作。

（4）营业汇总

自动汇总交易数据，实现金额结算，生成相应报表。

（5）系统维护

自动完成历史数据备份、数据丢失时可方便数据恢复、设置 POS 机和充值机的连接端口、登录系统管理员信息并设置密码和权限。

（二）方案设计

"一卡通"系统的总体设计思想是在宾客登记后发给一张具有加密性能的多分区的智能卡，该卡具有电子钥匙、电子钱包、身份证明等功能，使宾客能充分享受到高科技带来的便利和安全。

本酒店一卡通系统能实现酒店管理门锁、电子消费、人事考勤、巡更管理、酒店员工餐饮管理、酒店停车场管理 6 套系统集成，所有的子系统必须要求能够数据共享。各子系统工作流程如图 3-4-2 所示，系统硬件组成如图 3-4-3 所示，系统软件组成如图 3-4-4 所示。

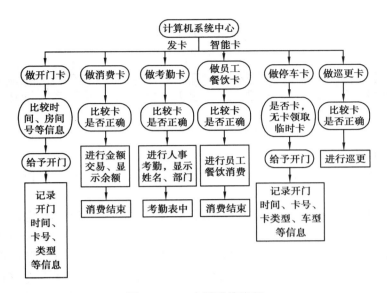

图 3-4-2 一卡通系统流程

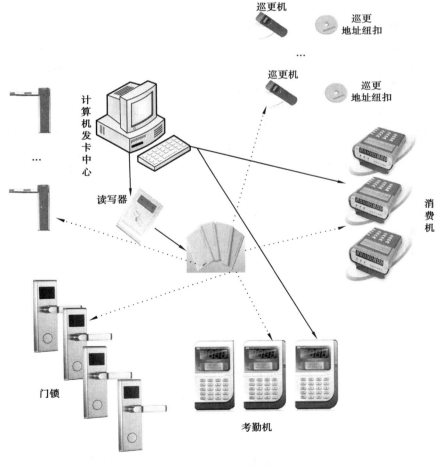

图 3-4-3 一卡通系统硬件组成

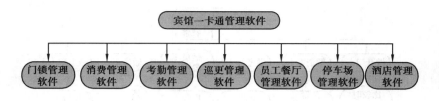

图 3-4-4　一卡通系统软件组成

1.智能卡门锁子系统

智能门卡锁子系统包含两部分:一是员工办公区和重要场所(负一层各功能室)的门禁子系统;二是客房门锁管理子系统。

门禁控制系统由软硬件两部分组成,包括识别卡、前端设备(读卡器、电动门锁、门状态感应器、门复位器、控制器等)、传输设备、通信服务器及相关软件。硬件部分主要是门禁控制器,门禁控制器接入读卡器、门磁、开门按钮,并提供用于控制电锁的继电器输出,也就是识别进出人员身份,控制大门开关的设备。软件安装在用于监控管理的计算机上,管理人员借助门禁软件,对系统进行设置及发卡授权管理,查看各通道口通行对象及通行时间,进行实时控制或设定程序控制目标。

客房门锁管理子系统用于酒店房间门锁管理,是酒店客房最常规、最基本的管理方式,它通过对门锁钥匙的限时、分级授权、智能卡的不同权限组合等功能来实现对酒店工作人员、客人进出酒店各客房的权限管理,以确保酒店人员和财产的安全与方便的管理。

本酒店采用智能卡门锁系统,主要由酒店客房入住管理计算机、发卡机、酒店门锁组成。卡内有对应的房间号(可以是不在同一楼层的若干个房间,也可以是一个套间内的几个内间)和开门期限,每次开门,拔卡后转动把手门即开启。每次的开门,门锁都会记录包括卡号、日期、时间、房号等在内的信息。在门锁品牌选择上要求酒店门锁的材质及品质高、管理软件功能齐全,能够提供二次开发接口函数。保证门锁软件并入酒店管理系统软件统一管理,实现酒店消费一卡通。

客房卡除了具备常规的房间出入控制外,还应具有多级别的管理方式:

(1)管理级别

①总裁卡:用于设置系统重要参数。

②管理卡:用于设置关键数据。

(2)总控级别

①总控卡:可开启酒店所有的客房门锁。

②应急卡:在特殊情况下,即使客房反锁也能开启,提示客人紧急疏散。

(3)区域级别

①领班卡:领班人员查房时使用,可根据酒店领班实际领班区域进行分配。

②楼层服务生卡:开启规定的某个楼层或其他授权的门锁。

③清洁卡:在规定清洁时间内,开启某一清洁区域客房门锁。

(4)控制级别

①中止卡:当客房发生紧急情况时,可使用中止卡将客房暂时封锁,封锁时除总控卡及应急卡能开启外,其他卡都不能开启,恢复后其他卡才能开启。

②时间卡：设置和校准某个门锁内的时钟。

③退房卡,清除卡:可立即停止客人卡的开启使用。

④数据卡:将门锁内开锁信息取出后阅读查询开锁情况。

(5)客人级别

①客人卡:客人在有效的住宿时间,自由开启客房门锁。

②备用卡:酒店门锁系统因停电或计算机硬件损坏,预先发出的备用卡可作为客人卡给客人开启相应的客房而不影响客人入住。

门锁子系统结构如图 3-4-5 所示。

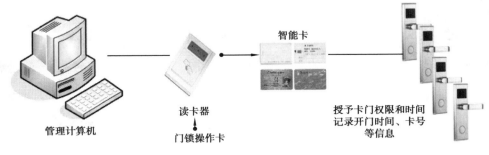

图 3-4-5　门锁子系统结构

2.智能卡储蓄消费子系统

本一卡通系统包含智能卡储蓄消费管理子系统。智能卡消费机可以单机操作,也可联网;当用户把智能卡放在有效感应区内时,双面 LED 显示操作的过程,此时卡中所存的钱数随着消费次数的增加而逐次扣除,整个操作过程消费者和操作人员均可相互监督,如有误,可以马上改正。此外还应具有自动计时与统计功能。用户可以通过管理软件将整个消费流程以报表的形式表达出来。机器界面友好,键盘应均为汉字与 0~9 阿拉伯数字,易操作。

客人在酒店刷卡消费可以分为预存现金消费和身份认证消费两种。现代人们习惯持卡消费,随身并不携带大量的现金,预存费用就需要酒店管理系统与银联进行转账设置,这不但增加了软件的复杂度,而且消费对账的责任加大。因此,预存现金消费方式多限于长期的协议客户,实际应用已越来越少;身份认证消费仅在小额或免费服务项目上对客人的身份进行确认。如信誉度高或是 VIP 级的客人,系统在完成身份确认后允许挂账消费,在退房时统一在前台进行结算。这种消费方式是目前酒店运作的主要趋势。

消费子系统结构如图 3-4-6 所示。

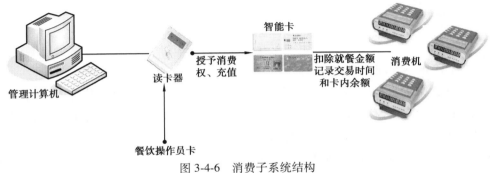

图 3-4-6　消费子系统结构

3.智能卡人事子系统

智能卡中文考勤机集上下班考勤、数据自动收集、指示报警等功能于一体,既可解决大量的人事管理问题,又留有进一步扩展余地,可与消费、工资、证件、档案等管理合用于一张智能卡。既方便管理,减少人力、物力的消耗,又提高了工作效率和企业形象。

考勤子系统结构如图3-4-7所示。

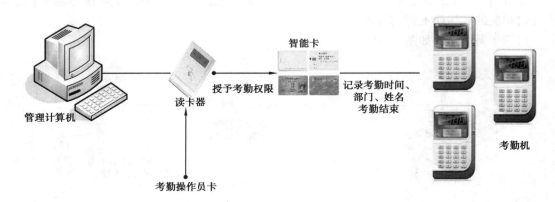

图 3-4-7　考勤子系统结构

4.智能卡保安巡更管理系统

巡检时,巡逻棒只要轻轻碰触巡检点的信息纽扣(巡更点),就可记录当时巡检的日期和时间。无须如条码或磁条系统一样经过多次扫描,操作也不需开关及按钮。棒中信息的读入及输出分别通过巡逻棒的两端:突出带有钠环的一端是输入端,使用时,该端接触一下信息纽扣(巡更点),听到一声蜂鸣,数据就读入至巡逻棒中。巡逻棒中有时钟,每读入一数据时,就从时钟提取当时的时间与数据关联,这样输出时数据与时间就同时输出。

保安巡更子系统结构如图3-4-8所示。

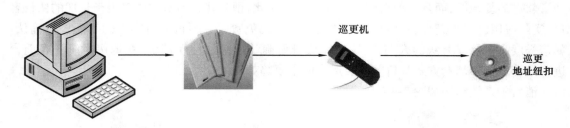

图 3-4-8　巡更子系统结构

5.智能卡停车场管理系统

由于酒店往来的人员较多、面对人群广、人员不固定,出入车辆有入住客人、访客、内部员工等。通常的做法是,入住酒店的客人可以持房卡在有效时间内出入,内部员工可以根据设定的级别持卡出入,外来人员在入口处领临时卡,依据停留时间交费。

持卡人开车到入/出口控制机前在距读卡机上读卡区 10 cm 内一晃,在 0.2 s 内入口摄像机所抓拍车型、颜色、车牌等的信息和卡存信息存入计算机,同时道闸升起,车主可通过语音提示(比如欢迎光临等)、中英文显示屏(和语音提示同步)等人性化提示进场,车辆经过道闸后,道闸自动回落。如在进场时,系统出现问题或其他原因(比如卡片过期等)进不了场,可通过按对讲分机上的按钮和管理中心联系,方便管理人员能及时为用户解决。

临时用户本身没有卡,要用自动发卡机来发放临时卡。当车主开至入口控制机前,车辆检测器检测到有车,大面板灯由蓝色变为红色,车主按自动发卡机上的大按钮可自动吐出一张卡片,车主只需一拿卡片,道闸自动打开,无须再读卡即可通行。

停车场子系统结构如图 3-4-9 所示。

道闸

图 3-4-9　停车场子系统结构

6.智能卡员工用餐管理

食堂消费管理子系统可为宾馆所有员工提供服务,所有员工可以在食堂用员工卡进行消费。宾馆内部食堂员工卡作为身份认证,就餐 POS 机读取卡内的人员身份信息,根据员工的级别和排班情况可以在内部食堂就餐。用餐管理系统可以实现系统的卡片授权、发卡、充值、退卡、补卡、换卡、消费数据采集等多项工作。

其消费模式大致分为 6 种:①定额消费模式:此模式无须键盘输入消费金额,读卡时自动根据预先设定的金额扣款。②不定额消费(点菜收费):通过终端收费机键盘输入消费金额,终端收费机将会自动累计消费总金额,终端收费机读写卡片后,即完成扣款工作。③消费、考勤联动:考勤机上刷卡后,软件会写个标志在卡片上,有了标志的卡片才能在食堂的售饭机上刷响,刷一次后,标志消失。即打卡才有饭吃,缺卡、缺勤均无饭吃,离职停卡。④食堂补贴月末清零:每月给每个员工补贴一定金额,然后员工凭卡到餐厅用餐,员工可选择吃不同价格套餐或是自由点菜,在同台消费机上按不同金额进行刷卡。⑤计次消费:刷一次卡记作一次消费,根据不同的刷卡时段定义份餐的名称和餐价;月底可以生成各种报表。⑥订餐消费:要用餐的员工需提前预订否则不能在餐厅里用餐;订餐时间可以设定上餐订下餐、今天订明天、订一周、订一个月。

如图 3-4-10 所示是本酒店一卡通系统图,如图 3-4-11 所示是本酒店停车场系统(见书后附图)。

(三)设备选型

本酒店系统采用的一卡通系统设备型号及数量见表 3-4-1。

表 3-4-1 酒店一卡通系统设备清单

序号	设备名称	规格型号	品牌	单位	数量
一卡通管理中心					
1	一卡通系统主控服务器		联想	台	1
2	发卡器	EG6001FM	ENGINE	台	1
3	感应卡	M-1	ENGINE	张	200
物联网智能宾馆锁管理子系统					
1	一体化智能宾馆锁	EG7000S1900HM	ENGINE	把	760
2	门禁控制器（主控）	EG7000Z1016H	ENGINE	个	2
3	门禁控制器（分控）	EG7000Z1064H	ENGINE	个	12
4	天线扩展模块	EG7000K02	ENGINE	个	760
5	门禁管理软件	EGHTS10-V4.1	ENGINE	套	1
消费管理设备					
1	消费机	EG5588	ENGINE	台	3
2	充值机（发卡）	EG5586	ENGINE	台	1
3	消费管理软件	EG7000XF	ENGINE	套	1
4	通信转换器	RS485-232	ENGINE	个	1
停车场管理设备					
入口设备					
1	电动道闸	EGDZ-01	ENGINE	台	2
2	车辆检测器	TLD100	ENGINE	台	2
3	地感线圈	EG205	ENGINE	个	2
4	远距离读卡器	EGRF0315	ENGINE	台	2
5	读卡器支架	EG320	ENGINE	个	2
6	余位显示设备	EGPDS	ENGINE	台	2
主要配件	入口控制器	EG-100	ENGINE	台	2
	IC卡读卡系统	EG5501	ENGINE	套	2
	机箱及其他附件	EG-BOX01	ENGINE	套	2
	对讲分机	EG002	ENGINE	套	2
	语音提示	EG-PARK	ENGINE	个	2
	中文显示屏	PKLED500	ENGINE	个	2
	专用电源	EG1230	ENGINE	个	2
出口设备					
1	电动道闸	EGDZ-01	ENGINE	台	2

续表

序号	设备名称	规格型号	品牌	单位	数量
2	车辆检测器	TLD100	ENGINE	台	2
3	地感线圈	EG205	ENGINE	个	2
4	远距离读卡器	EGRF0315	ENGINE	台	2
5	读卡器支架	EG320	ENGINE	个	2
主要配件	出口控制器	EG-100OUT	ENGINE	台	2
	IC 卡读卡系统	EG5501	ENGINE	套	2
	机箱及其他附件	EG-BOX01	ENGINE	套	2
	对讲分机	EG002	ENGINE	套	2
	语音提示	EG-PARK	ENGINE	个	2
	中文显示屏	PKLED500	ENGINE	个	2
	专用电源	EG1230	ENGINE	个	2
管理中心设备					
1	停车场管理软件	PARKWATCH	ENGINE	套	1
2	发卡器	EG5586	ENGINE	台	1
3	远距离卡	EGRF100	ENGINE	张	50
4	通信适配器	RS485-232	ENGINE	个	2
图像对比设备					
1	图像采集卡	EGCJ01	ENGINE	个	2
2	摄像机	EGSXJ	ENGINE	台	4
3	聚光灯	EGJGD	ENGINE	台	4
考勤管理系统					
1	考勤机	EGKQJ	ENGINE	台	4
2	考勤管理软件	EG7000KQ	ENGINE	套	1
电子巡更系统					
1	信息源	EGXXY	ENGINE	个	75
2	巡更棒	EGXGB	ENGINE	根	50
3	无线通信座	EGTXZ	ENGINE	个	50
4	事件夹	EGSJJ	ENGINE	个	50
5	巡更管理软件	EG7000XG	ENGINE	套	1

1.物联网智能宾馆锁

(1)一体化智能宾馆锁(含无线读卡、联网模块)

无线联网模块(图 3-4-13)集成在智能宾馆锁内(图 3-4-12),通过无线 2.4 G 频段与本公司门禁主控器实时联机通信。采用非接触感应卡开锁方式,使用 4 节 5 号电池工作,可持续使用 1 年以上,紧急情况可使用钥匙开锁。门锁与主控器通信距离在 30 m 以内,开门响应时间约为 0.5 s。

图 3-4-12　无线联网型智能宾馆锁

图 3-4-13　无线读卡、联网模块

（2）门禁控制器

门禁主控器采用有线接入局域网工作,如图 3-4-14 所示。与下属各无线智能宾馆锁采用 2.4 G 频段专用协议进行无线实时联机通信,使得各智能宾馆锁工作于联网状态下。一般可以安装在机房或者走道吊顶之上,采用 DC 9~24 V 宽电压低压供电,与各无线智能宾馆锁无遮挡可靠通信距离小于 30 m。

图 3-4-14　门禁控制器

图 3-4-15　天线扩展模块

（3）天线扩展模块

天线扩展模块是物联网智能宾馆锁系统的重要组成部分,如图 3-4-15 所示。解决无线一体化智能宾馆锁与门禁主控器之间由于无线信号太弱而导致无法正常通信的问题。天线扩展模块通过 RS485 接入无线主控器,并可通过 RF2.4 G 网络连接无线智能宾馆锁,以达到实时通信的功能。一个无线主控器下可以连接 16 个扩展模块,一个扩展模块可以连接 6 个无线智能宾馆锁。

（4）系统管理软件

采用最新的 J2EE 软件框架,J2EE 是 Java 2 Enterprise Edition 的简称。它是与实现企业级应用有关的各种技术规范的集合。Java 是一种简单的、面向对象的、分布式的、解释的、健壮的、安全的、结构中立的、可移植的、性能很优异的多线程的动态的语言。Java 代表了世界范围内的软件发展方向,Java 具有与平台无关性和可移植性,解释执行与及时编译技术的完美结合,提供了相当高的运算性能。本软件平台采用 XML 柔性接口,可设置任意卡在任意时间段开门,含有实时监控、实时报警、远程联网、员工的进出入设置、特权管理、数据管理、计算机开门、考勤管理、脱机发卡功能等。如图 3-4-16 所示。

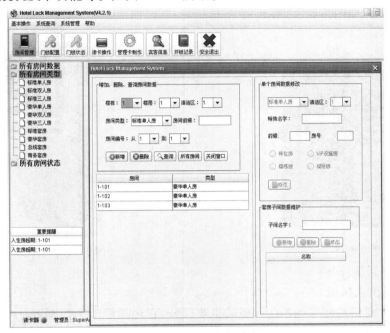

图 3-4-16 物联网智能宾馆锁系统管理软件界面

(5)发卡器

发卡器电源来自计算机主机,不需外接电源,读卡距离 30~80 mm。发卡器有发光管指示和蜂鸣器。如图 3-4-17 所示。

图 3-4-17 发卡器

图 3-4-18 消费机

2.消费系统设备

(1)消费机

有 ID/IC/CPU/HID/SIM(手机卡)等多种读卡类型。通信接口有 RS485/LAN(VPN)/Interne(广域)/微打/U 盘/无线(AP 接入)等,如图 3-4-18 所示。消费机含 7 种消费模式,丰富的订餐和补贴功能,可定义 32 种卡类,中文液晶显示,刷卡可显示消费商品或菜谱,消费机硬件可直接外接 POS 微型打印机,语音播报消费金额或余额。

（2）充值机

能够读取 ID/IC/CPU/HID 卡类（视卡类不同机型不同）,采用 USB 取电,支持多种开发语言,提供接口函数,如图 3-4-19 所示。

图 3-4-19　充值机

图 3-4-20　出入口机箱

3.停车场子系统设备

（1）停车场出入口机

停车场出入口机是停车场系统设备的主要部分,它包括停车场控制器、中文显示屏、语音提示、对讲系统、电源、机箱等设备,如图 3-4-20 所示。读卡器为标准 Wiegand 或 485 接口,可以是 EM,Mifare 的任意一种,远距离读卡器则采用有源卡或无源卡,读卡器的主要功能是将 IC 卡中的信息读取到控制器中。

读卡器主要特点是无源、免接触、使用寿命长及防水、防尘、抗静电干扰,适应各种恶劣环境;远距离读卡器则是采用有源技术的有源卡,功能更加齐全。

（2）电动道闸

通过无线遥控实现起落杆,也可以通过停车场管理系统（即 IC 刷卡管理系统）实行自动管理状态,入场取卡放行车辆,出场收取停车费后自动放行车辆,如图 3-4-21 所示。

图 3-4-21　道闸（外形颜色可选）

图 3-4-22　车辆检测器

（3）车辆检测器

车辆检测主要通过地感线圈检测车辆的有无,如图 3-4-22 所示。有两种应用:①用于出入口机的控制器通过检测车辆的有无,来确定显示的内容、自动出卡机的发卡等。②用于道闸

中的控制器通过检测车辆的有无,来判断道闸栏杆的起落达到防砸车的目的。

(4)远距离读卡器

此远距离读卡器读卡速度快,读卡距离远,如图 3-4-23 所示。10~60 km 时速可不停车读卡。上下坡道、弯道出入口不停车读卡,避免车辆熄火,半坡启动。不受车辆防护膜(如防爆膜)影响,适用于所有车辆。不停车、不开窗读卡。读写器之间无互相干扰(采用先进的蓝牙通信技术与码分多址),方向性好,能有效解决前后左右车道互扰问题。卡稳定性好,产品抗干扰、抗衰落能力强,不受其他通信产品干扰(如手机等无线通信产品)。与现有的 IC/ID 卡设备完全兼容。可将停车场划为多个分区,分别允许不同号码的蓝牙卡进入。

图 3-4-23 远距离读卡器

图 3-4-24 图像采集卡

(5)图像采集卡

图像采集卡的作用是将摄像机摄取的模拟图像转换成数字图像并存入数据库中,如图 3-4-24所示,以实现停车场系统的图像对比功能,即车辆入场时通过摄像机摄取车辆外形、颜色、车牌号等图像,出场时将出口图像和入口图像比较,人工确认后放行,确保车辆安全。

(6)余位显示屏

立式信息显示屏主要放置在停车场主通道外,实时发布停车场内的总余位数及分层余位数,以便车主灵活地作出泊车选择,如图 3-4-25所示。立式显示屏采用落地式设计,造型美观大方,可根据需要选择需显示的分层数。

(7)停车场管理软件

停车场系统软件包括系统设置、用户管理、报表输出、数据维护、停车场监视等模块。如图 3-4-26 所示。

①系统设置:主要用于维护停车场设备设置管理及基本参数设置。

②设备管理:停车场设备设置。

③参数设置:停车场名称;停车场类型(多层住宅区、高层商住

图 3-4-25 余位显示屏

楼、工业区写字楼或不分类型);车辆类型(摩托车、小汽车、中型车、大型车等);收费方式(按次收费或按时收费);收费标准(按日收费或临时停收费标准);图像记保留时间。

④信息提取:当停车场工作于脱机方式时提车辆信息。

⑤数据备份:将数据备份到其他地方以便需要时用。

⑥实时车位监视:车位总数,已停车数,进出车位等。

⑦实时图像监视:监视进口、出口图像,对比后放行车辆表输出。

⑧输出车场信息、收费信息、通行记录、车辆信息、用户信息、脱机记录等报表。

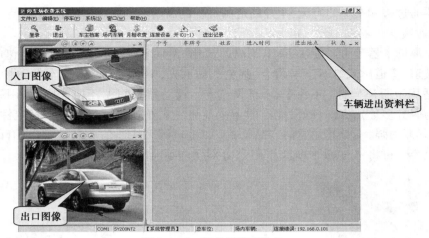

图 3-4-26　停车场管理软件

4.考勤管理子系统

（1）考勤机

考勤机分两大类:第一类是简单打印类,打卡时,原始记录数据通过考勤机直接打印在卡片上,卡片上的记录时间即为原始的考勤信息,对初次使用者无须作任何事先的培训即可立即使用;第二类是存储类,打卡时,原始记录数据直接存储在考勤机内,然后通过计算机采集汇总,再通过软件处理,最后形成所需的考勤信息或查询或打印,其考勤信息灵活丰富,对初次使用者需作一些事先培训才能逐渐掌握其全部使用功能。本系统采用存储类考勤机,如图 3-4-27 所示。

图 3-4-27　考勤机

（2）考勤管理软件

考勤机将自动记录并存储考勤人员的日期、时间、卡号等相关信息,由考勤管理软件收集数据到数据库,进行统计分析,出具考勤报表,如图 3-4-28 所示。参数设定包括工作班次设置、

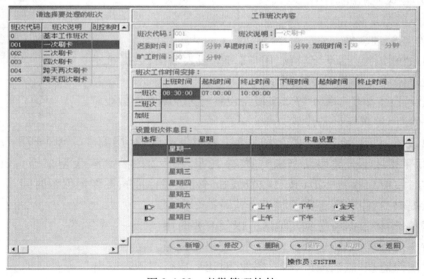

图 3-4-28　考勤管理软件

公众假日设置、员工班次安排、调整休息日员工请假、类别维护等。工作班次设置包括迟到下限、早退上限、旷工下限、加班下限等。公众假日设置对于设定的公共节假日,软件处理被认为是正常出勤。调整休息日可将上班调整为休息日或将休息日调整为上班日。

5.电子巡更系统

(1)信息源

信息源内核采用进口非接触EMID卡芯片,可埋入墙内,无须电源,避免人为破坏;使用具有唯一性的10位十六进制代码;内灌进口胶,外用树脂封装,抗冲击、防浸水。读卡距离远,使用温度范围宽,是接触式巡更点的换代产品。分为圆形卡(点卡)、柱型卡(玻璃管卡),以及钥匙环卡(用于人员及事件识别,简称人员卡或事件卡),如图3-4-29所示。

(a)璃管卡　　　　　　　(b)点卡　　　　　　　(c)钥匙环卡

图3-4-29　信息源

(2)巡更机

巡更机无需按键,连续自动探测读卡,使用方便;无接口,零功耗无线通信,不用消耗巡更机的电能即可实现数据的无线上传(通过BS-1000无线通信座),防止破坏;通用电池(CR123A)供电可连续工作约两年,可自行更换电池。如图3-4-30所示。

图3-4-30　巡更机　　　　　　　　　图3-4-31　无线通信座

(3)无线通信座

无线通信座用于超级坚固自动感应巡检器、坚固型汉字巡检器系列和超长电池寿命感应巡检器系列产品与计算机的连接。该产品通过无线感应方式收取巡更机储存的信息,并同时将其由USB线上传至计算机,为巡更巡检软件提供管理数据。

(4)事件夹

事件夹由巡更巡检人员随身携带,记录线路上所发生的事件(如窗户损坏、垃圾未拾、漏水等)。此夹由真皮制作,内部一侧镶有6枚射频卡,另一侧有透明塑料薄膜,可放入写有每个射频卡所代表的事件的纸卡,如图3-4-32所示。夹内所用的射频卡为特制的近距离类型,以避免多卡信号混乱。

图 3-4-32　事件夹

（5）系统管理软件

将巡更机读到的数据通过无线通信座上传到计算机，用该系统管理软件进行分析汇总，就可以很清楚地检查到保安人员的巡逻情况，是否按时按点巡逻，并统计保安人员的出勤情况，如图 3-4-33 所示。同时也可以对每条线路的地点进行自由排定顺序，可设定任意巡逻点的到达时间和停留时间，可以按月份和时间段统计巡检记录，可对指定的保安人员的巡线记录进行核查，巡更机内的记录不可更改，机内记录存储采取循环形式新记录仅覆盖最早记录，数据处理，自动把记录和计划重新匹配，当计划有变动时可随时重新处理，以获得最新最准确的结果。

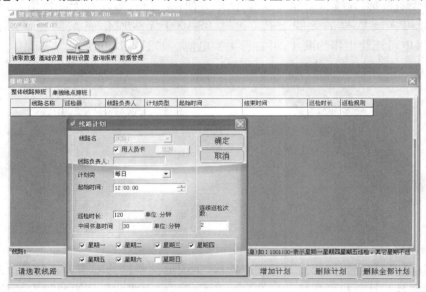

图 3-4-33　电子巡更管理软件

四、任务总结

①一卡通系统是酒店智能化系统的重要部分，本次内容子系统较多，任务较复杂，建议利用 24 个课时完成。

②建议分组实施任务，3~4 人为一组，共同完成本项目。

③项目任务完成后,要进行任务成果分享。每一组都要讲解其实施过程、完成结果,由教师进行点评。

④任务结束后,学生要完成相应的实训报告书。

 思考与练习

1.简述一卡通系统所包含的子系统。

2.上网进行资料检索,列写市面上一卡通系统的主流品牌。

3.上网进行资料检索,列写一卡通系统相关的国家标准。

4.简述住宅小区的一卡通系统与酒店一卡通系统的区别。

5.撰写校园一卡通设计方案。

项目四
消防控制系统（FA）的集成设计

消防自动化系统（Fire Automation System，FA）是以火灾探测与自动报警、疏散广播、计算机协调控制和管理的具有一定自动化和智能水平的火灾监控系统。主要由两大部分组成，即火灾自动报警系统和消防联动系统（联动灭火系统、防排烟设备、防火卷帘、紧急广播、应急照明等）。

任务　火灾自动报警及消防联动系统的集成设计

教学目标

终极目标：会进行火灾自动报警及消防联动系统的集成设计。
促成目标：1.会撰写火灾自动报警及消防联动系统设计方案。
　　　　　2.会绘制火灾自动报警及消防联动系统图。
　　　　　3.会选择合适的火灾自动报警及消防联动设备。

工作任务

1.设计火灾自动报警及消防联动系统（以某酒店为对象）。
2.完成火灾自动报警及消防联动系统设备选型。

相关知识

《火灾自动报警系统设计规范》（GB 50116—2013）指出火灾自动报警系统是由触发装置、火灾报警装置、联动输出装置以及具有其他辅助功能装置组成的，如图 4-1-1 所示。它具有能在火灾初期，将燃烧产生的烟雾、热量、火焰等物理量，通过火灾探测器变成电信号，传输到火灾报警控制器，并同时以声或光的形式通知整个楼层疏散，控制器记录火灾发生的部位、时间等，使人们能够及时发现火灾，并及时采取有效措施，扑灭初期火灾。

消防联动系统是火灾自动报警系统中的一个重要组成部分，是由火灾报警主机对外部设备的一种控制，通常包括消防联动控制器、消防控制室显示装置、传输设备、消防电气控制装

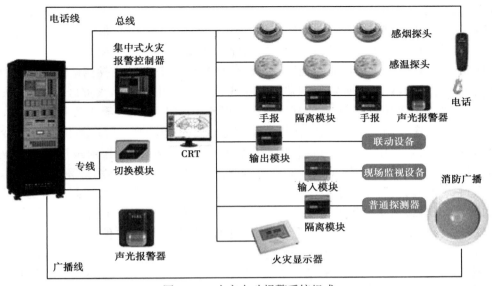

图 4-1-1　火灾自动报警系统组成

置、消防设备应急电源、消防电动装置、消防联动模块、消防栓按钮、消防应急广播设备、消防电话等设备和组件，如图 4-1-2 所示。

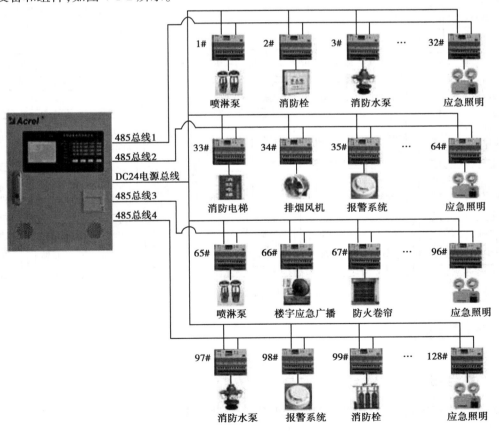

图 4-1-2　消防联动系统的组成

当发生火灾后,报警设备(烟感、温感等)首先探知火灾信号,然后传递给主机,主机接到信号,按照设定的程序,启动警铃、消防广播、排烟风机等设备,并切断非消防电源。所有这些动作,是在报警主机接收到信号后,才开始的,因此,这些动作被称为消防联动。

具体联动步骤演示:①火灾时感烟探测器探测到烟雾;②探测器的探测信号传输到消防控制室的火灾报警控制器上;③火灾控制器接到报警信号后发出指令给火灾区域(或火灾层及火灾上下层)的声光报警器或警铃,使其发出火灾报警声;④广播切换至火灾状态下并发出应急疏散录音;⑤火灾控制器接到信息后同时发出指令使电梯迫降到一层;⑥同时发出指令使防火卷帘门、排烟风机、正压送风机运转及排烟口(执行机构)、风口(合用前室送风口的执行机构)同步打开;⑦自动切换电源,即切断非消防电源,应急照明和应急指示灯亮;⑧当火源的燃烧温度达到68℃时,消防喷淋水银柱炸裂,喷淋头排气/洒水;⑨洒水后,控制器监视水流指示器、压力开关动作后,消防预作用阀(干湿/湿式)动作,并发出指令控制喷淋泵启动,持续向喷淋管道供水扑灭火源;⑩火情扑灭后,手动复位,使预作用阀及消防泵停止动作。具体流程如图 4-1-3 所示。

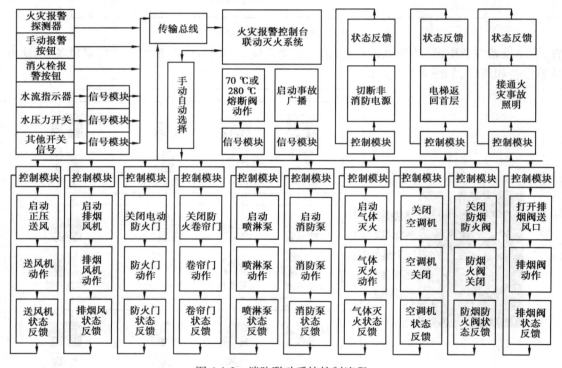

图 4-1-3　消防联动系统控制流程

 **任务实施**

一、任务提出

现有一栋新建酒店,该酒店共 22 层(地下 1 层,地上 21 层)。本酒店需要安装先进的火灾自动报警及消防联动系统,请进行集成设计。

二、任务目标

①会撰写酒店火灾自动报警及消防联动系统设计方案。
②会画酒店火灾自动报警及消防联动系统图。
③会选择合适的火灾自动报警及消防联动设备。

三、实施步骤

(一)需求分析

本酒店工程火灾自动报警及联动控制系统所涉及的系统集成包括内部集成和外部集成两个部分。其中内部集成指的是火灾自动报警系统和消防联动系统的集成;外部集成指的是与公共广播系统、智能楼宇管理系统、安防系统等的集成。

外部设备与主机的全部接口均采用光隔离,防止外部电气干扰信号的侵入;抗干扰能力强,适应各种电气干扰和环境影响,保证探测到的火灾信号真实、可靠。系统可抵抗在80 MHz~1 GHz 的范围内和辐射电磁场不小于 10 V/m 环境下的强电磁干扰;系统可抵抗无线电频率为 150 kHz~27 MHz 中的接触性干扰。

系统提供多种国际标准的接口和通信协议,如与自动化楼控系统、安防系统共同组建全防卫立体化的安全系统。通用的操作系统、规范的操作数据库管理系统等,使系统具备良好的灵活性、兼容性。系统集中管理显示控制中心具有友好的人机界面,以简体中文方式详细显示故障点、报警点的位置、类型特征等信息,火灾报警控制主机具有自动测试功能,完备的在线、离线操作,编程功能,便于用户的日常管理维护工作。

1.管理层网络系统功能

系统管理层网络主要由设在各个消防中心的专用网络服务器及专用软件、建筑物中其他相关系统服务器等组成,其主要功能将独立工作的报警及联动控制系统以及其他相关系统通过以太网的方式连接起来,实现各系统之间的数据通信、信息共享以及其他厂商设备和系统的通信。

作为针对消防网络集成的管理层网络系统,需综合消防报警及联动控制系统所有的管理控制功能。火灾报警系统控制子网络,通过网关把控制子网的报警信号分别上传至各自的服务器。服务器之间采用 100/1000M BASE-T 以太网,以标准 TCP/IP 协议互相通信,在物理连接上利用共用网络 VLAN 路由,构成火灾报警系统控制子网络,实现系统之间的相互通信和信息共享。系统管理层网络支持包含目前楼宇自控及信息产业中绝大多数的标准,如 BACNET 协议,COM&DCOM,OPC,ODBC 等大多数世界通用的标准和协议。

2.控制层网络系统功能

本工程项目设一个消防控制中心,火灾报警及联动控制子系统(控制层子网络)布线要灵活多样,可以按照使用要求,任意按环形、星形、总线或混合形等方式联网。网络中的任何节点设备发生故障时,均能够自动离线,而不会影响网络通路,不会造成主网络或子网络出现网络短路或开路故障,保障网络通信安全。全部网络节点设备资源共享,图形监控计算机通过程序定义,能够监测网络内全部节点的详细信息,并能够输出全部控制指令。

在控制层网络上的火灾报警主机,采集管辖区域内的各类火灾探测器、手报、监视模块等设备的火警信号,并通过控制模块联动相关设备进行灭火和指挥人员疏散。而作为控制层网络的核心部件图形监控中心,负责接收并储存各消防设备主要运行状态,接收火灾报警并显示报警部位,包括火灾报警、状态监视、设备故障报警、网络故障报警、指挥抢险救援的全部活动,进行防灾信息的处理与传送,同时具备提示操作人员的功能,并存储操作人员的各项操作记录。各项记录(如故障、设备维修、清洗等)在图形监控计算机上可进行在线编辑并输出至打印机或磁盘等,同时归入历史档案管理。

3.联动控制系统功能

(1)消火栓及消防泵系统

本工程均采用具有单独地址的消火栓按钮,建筑内所有的消火栓箱内均设有消火栓按钮。当发生火警并确认后,按动消火栓按钮,可直接联动启动消火栓泵,控制器同时接到信号显示消火栓启泵位置;消火栓泵运行后点亮消火栓按钮和消防控制中心硬线联动盘上的泵运行指示灯;消防控制中心也可以通过硬线联动盘来直接启动消火栓泵。

消防栓联动过程如图 4-1-4 所示。

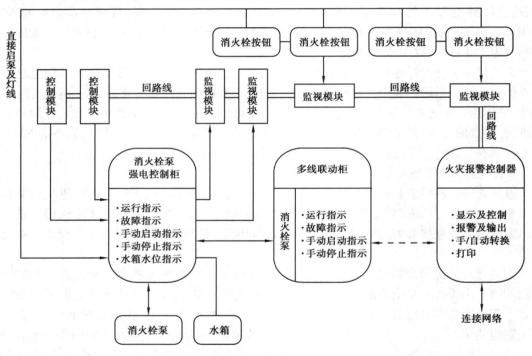

图 4-1-4　消防栓联动过程

(2)水喷淋系统

报警系统设独立地址,监视模块对每个水流指示器、检修阀、报警阀组及压力开关进行监视。任何一个水流指示器和报警阀组动作后,在消防中心可显示该动作的指示器和报警阀组位置。水喷淋系统联动过程如图 4-1-5 所示。

自动控制:水流指示器和压力开关报警后,自动启动消防泵,消防中心中控台有运行信号显示。

手动控制:消防中心值班员可通过按下中控台上启动按钮直接启动喷淋泵,也可按下中控台上停止按钮停喷淋泵。

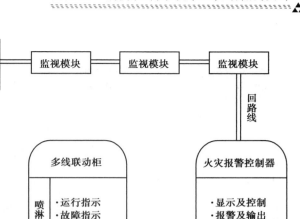

图 4-1-5　水喷淋系统联动过程

信号显示:消防中心中控台上设有运行及故障指示灯。

(3)预作用系统

报警主机在感烟探测器报警或人工报警确认后,启动预作用系统开启预作用阀,系统接收到该区的压力开关动作反馈后联动开启喷淋泵,进行灭火。

手动控制:消防中心值班员可通过按下中控台上启动按钮直接启动喷淋泵,也可按下中控台上停止按钮关闭喷淋泵。

信号显示:消防中心中控台上设有喷淋泵运行及故障指示灯。

(4)非消防电源切断

控制器接到火灾报警信号并得到确认后,立即通过编址式控制模块切断相应区域的非消防电源。

4.消防电话系统

本工程所配置的消防电话系统由设置在消防控制室的消防电话主机(图 4-1-6)、重要机房(如变配电室、网络机房、风机房等)的电话分机、电话插孔以及复示屏上的对讲 MIC 组成独立火灾报警通信系统。

在消防控制室设置消防电话总机,通过扩展最大支持不小于 500 个对讲电话分机。通过不同选键,可实现以下功能:

①主机对子机进行呼叫并通话:首先在主机上打开子机电路开关,按下呼叫按键,子机响起排钟音(2~3 声),然后主机可以和子机开始通话,通话结束后,将子机电路开关关闭(扳回原位),放下听筒。

②子机呼叫主机并进行通话:当拿起子机听筒时,主机自动响起排钟音,子机号码的指示灯亮起,拿起主机听筒,打开子机电路开关 2 即可与子机自由通话,通话结束后,将子机电路开关关闭,放下听筒。

③子机与子机间通话:首先子机呼叫主机要求与想要通话的子机进行通话,然后主机将打

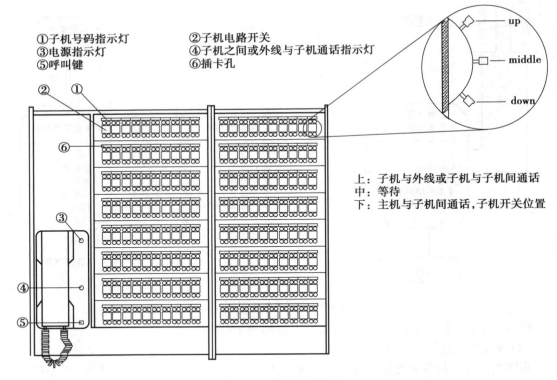

①子机号码指示灯　　②子机电路开关
③电源指示灯　　　　④子机之间或外线与子机通话指示灯
⑤呼叫键　　　　　　⑥插卡孔

up
middle
down

上：子机与外线或子机与子机间通话
中：等待
下：主机与子机间通话，子机开关位置

图 4-1-6　消防电话主机

开你所需要的子机电路开关，并按下呼叫按键，通话结束后，指示灯自动熄灭，将主机的子机电路开关关闭。

④子机与外线间通话：首先子机呼叫主机要求使用外线功能，主机将呼叫外线并扳下子机电路开关。外线与子机通话时电源指示灯亮起。如果外线要求与某一特定子机进行通话，主机将呼叫所需子机并打开相应子机电路开关（向下）。通话结束后，指示灯自动熄灭，将主机的子机电路开关关闭。

5.水喷雾监控子系统

本工程在自备应急柴油发电机房设置水喷雾自动灭火系统，水喷雾灭火控制装置既能独立完成灭火工作，同时又受控于消防控制中心主报警及联动控制系统，由监控子系统部分和固定灭火设施两部分组成。水喷雾自动灭火监控系统的主要设备包括报警及联动控制器、智能感烟、各类监控模块。水喷雾灭火系统具备机械应急、自动和手动操作 3 种启动方式。

水喷雾自动灭火监控系统工作模式如下：

消防报警控制器在收到设置在柴油发电机房内的智能感烟探测器的报警信号或人工确认后，发出指令启动雨淋阀电磁阀，打开雨淋阀；同时发出指令停止柴油发电机的运行并关闭相应的送排风机；控制器在收到雨淋阀阀位信号返回后联动启动水喷雾泵。

消防控制中心联动控制台可手动直接（硬线控制）远程启泵，并显示水喷雾泵的运行和故障状态。

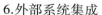

6.外部系统集成

（1）与公共广播系统集成

火灾控制器支持 TCP/IP 协议的管理层网络,管理层网络的数据服务器管理系统采用 MS SQL Server 2000,支持 ANSI/ISO SQL 99 标准,SQL Server 2000 数据库具有高度的通用性、实时性、可靠性、开放性、可扩充性和安全性。海湾公司安全管理集成网络系统（UMN）可通过 ODBC 和 JDBC 数据接口实现对异种数据库的互联,支持自身及其他数据源与第三方厂家的工具及应用的集成。在中标后我方可向公共广播系统提供本系统有关对外接口参数说明并开放相关通信协议。

（2）与 IBMS（智能楼宇管理系统）系统集成

火灾自动报警及联动控制系统自带专业报警联动管理软件,可独立实现消防防灾系统涉及的全部联动控制功能,故在本工程中与 IBMS 系统的系统集成主要是实现火灾自动报警及联动系统向 IBMS 系统实时传送系统工作状态及火灾报警信号。

接口方案:本工程中火灾自动报警及联动控制系统联动构成一个完整的控制系统,分别在各自的控制层网络的网络节点上设标准 RS232 接口或 BACNET 网关,接入 IBMS 系统。

（3）与安防系统的集成

安防系统与火灾报警系统有着密切的联系,在出现火情的情况下,安防系统可提供相应区域的图像监视,协助消防中心值班人员远程观察火警出现区域的情况,协助火警的人工确认。火灾自动报警系统在本工程中与安防系统的系统集成主要是实现火灾自动报警及联动系统向安防系统实时传送系统工作状态及火灾报警信号。

接口方案:提供两种集成方式:一种为集中型网络式集成;另一种为集中型模块式集成方式。

集中型网络式集成:本工程中火灾自动报警及联动控制系统独立成网,分别在各自的控制层网络的网络节点上设标准 RS232 接口集中接入安防系统。报警及联动控制器上设有标准的 RS232 接口,通过三芯屏蔽线缆与安防系统内的设备(工作站计算机或专用接口设备)计算机串行接口直接端接,提供 RS232 串行接口的通信协议。

集中型模块式集成方式:在安防系统控制中心机房(与消防中心合用),根据安防系统区间摄像头的布置情况,设置相当数量的控制模块,对应不同区域的火灾报警信号,不同的控制模块输出,告知安防系统,安放系统将该区域的摄像头画面切换到主监视屏幕。

（二）方案设计

在本方案配置中,系统保留足够冗余量(30%),充分考虑到用户在未来使用中可能需要系统的扩展或变化,本方案配置的系统在报警主机网络方面具有强大的扩展能力。本工程消防设备采用海湾系列产品。

海湾火灾报警及联动控制层网络允许最多 103 台 FACP（火灾控制盘）进行联网,形成令牌式对等式无间隙环形网络,其中每台 FACP 主机的监控点容量可达 3 180 点,其所连接的报警和控制设备信息均可以通过网络传送到消防中心网络图形显示控制工作站上显示,消防中心的图形网络显示控制工作站也能对其他报警控制主机 FACP 所连接的设备进行控制。同时考虑到未来科学的发展和新技术的应用,FACP 主机采用 32 位微处理器,内置专用应用软件,采用先进主流"闪存"存储技术,仅需通过离线编程软件将高版本应用软件下载到 FACP 即可实现系统升级,无需系统停机,简单方便。

本系统采用两层通信网络架构。在工程项目中设一个消防控制中心,报警及联动控制子系统设计为海湾公司火灾报警网络系统,由各自的火灾报警主机和网络图形工作站组成。控制层网络之间采用 100/1000M BASE-T 以太网,以标准 TCP/IP 协议互相通信,在物理连接上共用网络 VLAN 路由,组成管理层网络(UMN),构建火灾自动报警及联动控制系统的分布控制、集中管理系统框架。管理层网络由各火灾报警数据服务器、其他楼宇智能的监控服务器以及网络通信设备组成。

系统管理层网络主要由设在各个消防中心的专用网络服务器及专用软件及其他相关系统服务器等组成,其主要功能为报警及联动控制系统以及其他相关系统通过以太网的方式连接起来,实现各系统之间的数据通信、信息共享以及与其他厂商设备和系统的通信。管理层采用 TCP/IP 协议,数据管理服务器,网络控制引擎等设备分布其上。网上各节点之间的数据交换采用点对点方式,各节点均具备动态数据访问功能,只需在网络的任意节点添加计算机,通过标准的 Web 浏览器,既可以您的用户名和密码轻松访问您权限范围内的被控设备,甚至可以在全世界任何地方通过内联网或互联网进行显示和控制操作。

本酒店大楼的消防自动报警系统主要设备配置见表 4-1-1。

表 4-1-1　消防自动报警系统主要设备配置

设备名称	数　量
智能烟感	1 638 个
智能温感	128 个
输入(控制)模块	316 个
切换(监视)模块	665 个
隔离器	25 个
手动报警按钮	107 个
消防报警电话	108 个
警铃	27 个
消防报警控制器	1 台
防火阀(70 ℃)	179 个
防火阀(280 ℃)	69 个
检修阀	31 个
声光报警器	126 个
应急照明灯	228 只

本酒店火灾自动报警系统图如图 4-1-7 所示,如各部件的图形符号见表 4-1-2,如图 4-1-8 所示为自动灭火系统图(见书后附图)。

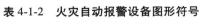

表 4-1-2 火灾自动报警设备图形符号

序号	图形符号	说明	符号来源及编号		序号	图形符号	说明	符号来源及编号	
1	B	火灾报警控制器	ZBC	5.30	14		可燃气体探测器	GB	8.4
2	B-Q	区域火灾报警控制器	ZBC	5.32	15		手动报警按钮（带电话插孔）	GB	8.5
3	B-J	集中火灾报警控制器	ZBC	5.33	16		火灾警铃	GB	9.1
4	LD	联动控制器			17		火灾声光信号显示装置	ZBC	5.46
5	⊖	火灾部位显示盘（层显示）	ZBC	5.36	18	C	控制模块		
6	FS	火警接线箱			19	M	输入监视模块		
7	S	感烟探测器一般符号	GB	8.2	20	D	非编码探测器接口模块		
8	S	非编码感烟探测器			21	I	短路隔离器		
9		感温探测器一般符号	GB	8.1	22	GE	气体灭火控制盘		
10		非编码感温探测器			23		启动钢瓶		
11		火焰探测器	ZBC	5.12	24		紧急启、停按钮		
12		红灯光束感烟探测器（发射部分）	ZBC	5.10	25		放气指示灯		
13		红灯光束感烟探测器（接收部分）	ZBC	5.11	26	F	水流指示器		

续表

序号	图形符号	说明	符号来源及编号	序号	图形符号	说明	符号来源及编号	
27		带监视信号的检修阀		39		配电箱（切断非消防电源用）		
28	P	压力开关		40		电控箱 注： K—空调机电控箱 P—排烟或排风机电控箱 J—正压送风机或进风机电控箱 XFB—消防泵电控箱 PLB—喷淋泵电控箱		
29	⊡	消灭栓箱内启泵按钮		41		火灾报警电话机（实装）	GB	8.6
30	φ	防火阀（70℃熔断关闭）		42	T	火灾报警对讲电话插座	ZBC	5.15
31	φE	防火阀（24V电控关及70℃温控关）		43		传声器一般符号		
32	φ280	防火阀（280℃熔断关闭）		44		吸顶式扬声器		
33	φ	排烟防火阀		45		墙挂式扬声器		
34	●	排烟阀（口）		46		高音扬声器		
35		正压送风口		47		扩大机		
36	RS	防火卷帘门电气控制箱		48	PA	广播接线箱		
37	DM	防火门磁释放器		49		音量控制器		
38	LT	电控箱（电梯迫降）						

（三）设备选型

1.火灾自动报警系统

火灾自动报警系统主要由火灾自动报警主机 JB-QG-GST9000、网络监控工作站 NCS 以及安装在各保护区内的各种火灾探测器及手动报警按钮、消火栓按钮等设备组成。

（1）火灾自动报警主机 JB-QG-GST9000

本工程所用 GST9000 型控制器采用琴台式结构，如图 4-1-9 所示。其最大容量可扩展到 58 个 242 地址编码点的回路，主要特点如下：

①控制器各信号总线回路板采用拔插式设计，系统容量扩充简单、方便。

②控制器采用 10.4 英寸 LCD 彩色液晶显示器，图形化彩色显示界面，不同信息采用不同颜色窗口显示；各种报警状态信息均可以直观地以汉字方式显示在屏幕上，便于用户操作使用。

③键盘辅助触摸屏操作方式，每一项操作液晶屏上均有清晰的提示，用户只需按照提示在屏幕上轻轻按下相应的按钮，即可实现系统提供的多种功能。

④控制器支持报警平面图显示，有专用的图形/文本操作按键，用户可方便地检查平面图，确定报警设备位置。同时控制器具有 RS232 标准接口，可传递信息到计算机上显示，做到异地报警显示。

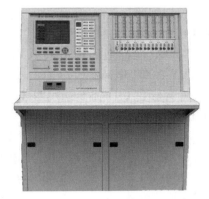

图 4-1-9　GST9000 型火灾报警控制器

⑤本机安装热敏打印机，可实时打印各类信息，且有多种打印设置，可单独实时打印火警信息，且打印速度快，可实现和屏幕显示同步打印。

⑥控制器具有多种网络连接方式，可多机组成报警网络，可通过以太网、RS485 总线、CAN 总线进行网络连接。

⑦控制器设计高度智能化，与智能探测器一起可组成分布智能式火灾报警系统，极大地降低误报，提高系统的可靠性。

⑧火灾报警及消防联动控制可按多机分体、分总线回路设计，也可以单机共总线回路设计，同时控制器设计了具有短线、断线检测及设备故障报警功能的直接控制输出，专门用于控制风机、水泵等重要设备，可以满足各种设计要求。

⑨控制器可完成自动及手动控制外接消防被控设备，其中手动控制方式具备直接手动操作键控制输出及编码组合键手动控制输出两种方式，系统内的任一地址编码点既可由各种编码探测器占用，也可由各类编码模块占用，设计灵活方便。

⑩控制器具有极强的现场编程能力，各回路设备间的交叉联动、各种汉字信息注释、总线制控制设备与直接控制设备之间的相互联动等均可以现场编程设定。

⑪控制器具有预警功能，使用预警功能可以有效地减少在恶劣环境下的误报警。

⑫控制器可外接火灾报警显示盘及彩色 CRT 显示系统等设备，满足各种系统配置要求。

⑬控制器具有强大的面板控制及操作功能，可以观察探测器动态工作曲线，各种功能设置全面、简单、方便。

JB-QG-GST9000 火灾自动报警主机主要技术指标如下：

①液晶屏规格:10.4 英寸彩色液晶屏,640×480 图形点阵。

②控制器容量:

a.最多可带 58 个 242 地址编码点回路,最大容量为 14 000 个地址编码点。

b.最多可带 4 个主机箱,每个主机箱可外接 128 台火灾显示盘;联网时最多可接 32 台其他类型控制器。

c.接控制点及手动操作总线制控制点可按要求配置。

③线制:

a.控制器与探测器间采用无极性信号二总线连接,与各类控制模块间除无极性二总线外,还需外加两根 DC24 V 电源总线。

b.与其他类型的控制器采用有极性二总线连接,对于火灾报警显示盘,需外加两根 DC24 V 电源供电总线。

c.与彩色 CRT 系统采用四芯扁平电话线,通过 RS-232 标准接口连接,最大连接线长度不宜超过 15 m。

d.直接控制点与现场设备采用三线连接。

④使用环境:温度:0~40 ℃,相对湿度≤95%,不结露。

⑤电源:主电:为交流 220 V±10%;控制器备电:直流 24 V/24 Ah,24 V/38 Ah 两种密封铅电池;联动备电:直流 24 V/24 Ah,24 V/38 Ah 两种密封铅电池。

⑥监控功耗=基本功耗 70 W(空载)+单块回路板监控功耗 6 W(484 个总线设备)×回路板数。

⑦报警功耗=基本功耗 70 W(空载)+单块回路板报警功耗 7 W(484 个总线设备)×回路板数。

标准控制器配有主机一台、直接手动操作显示控制盘和 GST-LD-D02 智能电源盘各一块。若系统中需增加直接手动控制盘、直接控制盘及电源盘,需另外配置。

控制器外接线端子示意图如图 4-1-10 所示。

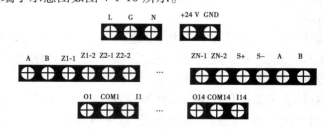

图 4-1-10 控制器外接线端子示意图

其中:

L,G,N:接线端子及交流 220 V 机柜保护接地线端子;

+24 V,GND:DC24 V,6 A 供电电源输出端子;A,B:连接火灾显示盘的通信总线端子;ZN-1,ZN-2(N=1~58):探测器总线(无极性);S+、S-:火灾报警输出端子(报警时可配置成 24 V 电源输出或无源触点输出);A、B:连接其他各类控制器的通信总线端子;

O,COM:组成直接控制输出端,O 为输出端正极,COM 为输出端负极,启动后 O 与 COM 之间输出 DC24 V;为实现检线功能,O 与 COM 之间接 ZD-01 终端器;

I,COM:组成反馈输入端,接无源触点;为实现检线功能,I 与 COM 之间接 4.7 kΩ 终端电阻。

布线要求：控制器信号总线采用阻燃 RVS 双绞线，截面积≥1.0 mm²；DC24 V，6 A 供电电源线在竖井内采用阻燃 BV 线，截面积≥4.0 mm²，在平面采用阻燃 BV 线，截面积≥2.5 mm²；控制器与控制器及火灾显示盘之间的通信总线采用阻燃屏蔽双绞线，截面积≥1.0 mm²；控制器输出的直接控制点外接线采用阻燃 BV 线，1.5 mm²≥截面积≥1.0 mm²；与彩色 CRT 系统采用阻燃四芯扁平电话线，通过 RS-232 标准接口连接，最大连接线长度不宜超过 15 m。

（2）图形监控工作站（NCS）

NCS 作为图形监控中心，负责接收并储存各消防设备主要运行状态，接收火灾报警并显示报警部位，包括火灾报警、监视报警、设备离线的故障报警、网络的故障报警，指挥抢险救援的全部活动，进行防灾信息的处理与传送，同时具备培训操作人员的功能，存储操作人员的各项操作记录。各项记录（如故障、设备维修等）在防灾报警主机上进行在线编辑并输出至打印机或磁盘等，并进行历史档案管理。

在消防控制中心设置的海湾图形监控工作站 NCS 是一台高性能的工业级计算机，能够接收整个报警及联动系统子网的全部状态，包括火灾报警、监视报警、设备离线的故障报警、网络的故障报警和各台报警控制器 JB-QG-GST5000 上的事件，并以图形和文字显示所有网络点和网络事件。NCS 以操作人员密码登录进入方式，记录不同时间段内该操作人员的各项操作记录和系统事件，便于管理。NCS 将各项记录存储在硬盘上的专用目录，能够对这些记录进行在线编辑，并能输出至打印机和磁盘机或刻录数据光盘（计算机需配备刻录机）进行"软、硬"两种方式的数据存储，便于对历史档案进行管理。

报警时，消防值班员通过菜单方式了解报警区域及设备更详细的资料，并输入正确的密码，确认报警情况，关闭声光报警。防灾报警主机 NCS 的屏幕上，有专用的系统复位"按钮"，消防值班员可在 NCS 上用鼠标点击，实现系统的复位。消防值班人员可根据报警现场的具体情况，在 NCS 上用鼠标点击相应的图标，强制实现指定的联动控制输出，执行人员疏散、非消防电源切断乃至实施灭火措施。

NCS 的编辑功能强大，可以通过不同的逻辑组合，直接在现场编辑自定义的故障、报警信号的显示图标。此外，NCS 还包括有一个完整的设备图符库，制作特殊的设备图符，增加、编辑和删除设备和图形均可在现场进行。

NCS 的多功能搜索过滤器，将不同类型的历史记录按输入条件进行分类，使历史管理器成为一个高效的管理工具。通过历史记录窗口快速、简单、准确地显示所需记录，并能将数据分类读取生成《探测器状态报表》《当前火警列表》《当前故障列表》《历史火警列表》《历史故障列表》《操作员记录列表》等报表并打印。通过对事件存储文件的分析，了解何时发生何事，便于分析事件发生的原因。

NCS 的容量为 200 000 个网络监控点，可存储至少 30 000 幅屏幕地图。每幅屏幕地图能通过鼠标放大或缩小。可通过接口连接一台 17 寸（或更大屏幕，根据业主要求设置）的大屏幕显示器，用以显示各防火区信息及主要设备运行情况。

图形监控工作站 NCS 具有网络的自诊断程序，通过自诊断程序，判定网络故障的位置及原因；当有故障发生时，在操作界面上有醒目的故障报警标志和声音警报，及时进行故障报警，提醒值班人员进行相应的故障排除工作。

（3）点型感烟火灾探测器 JTY-GF-GST104

JTY-GF-GST104 型点型光电感烟火灾探测器报警方式为电流型，外观如图 4-1-11 所示。与 GST-LD-8300 输入模块配合使用，可接入本公司生产的各类火灾报警控制器，完成探测器的信号处理。本探测器主要具有以下特点：

①结构新颖、外形美观、性能稳定可靠、抗潮湿性强，并具有良好的抗化学腐蚀性。

②采用新型的散射技术及进口光电器件，提高了传感器的可靠性、稳定性和一致性。

③采用独特的迷宫设计，防虫、防尘、抗外界光线干扰性能良好。

图 4-1-11　点型光电感烟
火灾探测器

JTY-GF-GST104 型点型光电感烟火灾探测器主要技术指标如下：

①工作电压：DC16～28 V。

②监视电流≤150 μA（注：静态时探测器可工作在 DC16～28 V 电压范围内）。

③报警电流：10～30 mA。

④报警确认灯：红色，巡检时闪烁，报警时常亮。

⑤使用环境：温度−10～55 ℃，相对湿度≤95%，不结露。

⑥外壳防护等级：IP23。

⑦外形尺寸：直径 100 mm，高 56 mm（带底座）。

当空间高度为 6～12 m，一个探测器的保护面积，对一般保护现场而言为 80 m²。空间高度为 6 m 以下时，保护面积为 60 m²。具体参数应以《火灾自动报警系统设计规范》（GB 50116）为准。

探测器安装接线盒采用海湾标准预埋盒，安装采用海湾 DZ-03 标准定位底座，如图 4-1-12 所示。

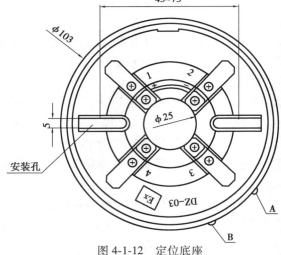

图 4-1-12　定位底座

定位底座上有 4 个带数字标志的接线端子，"1"接编址接口模块输出端的正极；"2"作为输出连接下一只探测器的电源正极（即"1"号端子）；"3"与下一只探测器的电源负极（即"3"号端子）连到一起，并接在编址接口模块输出端的负极上；"4"不接线，用来辅助固定探测器。

探测器与底座上有定位凸棱，使探测器具有唯一的安装位置。定位底座 A，B 处有两个凸棱,探测器底部侧面 C 处有一个凸棱。装配时,将探测器凸棱 C 对准定位底座 A 处,顺时针旋转至 B 处即可安装好探测器。

探测器与 GST-LD-8300 输入模块配合应用,布线采用截面积 ≥1.0 mm² 的阻燃 RV 或 BVR 线。

(4)点型感温火灾探测器 JTWB-ZCD-G1(A)

JTWB-ZCD-G1(A)型点型感温火灾探测器是利用热敏元件对温度的敏感性来检测环境温度,特别适用于发生火灾时有剧烈温升的场所,与感烟探测器配合使用更能可靠探测火灾,减少损失,如图 4-1-13 所示。本探测器报警方式为电流型,与 GST-LD-8300 输入模块配合使用,接入火灾报警器,完成探测器的信号处理。

JTWB-ZCD-G1(A)型点型感温火灾探测器主要技术指标如下:

①探测器类别:P(A1R 和 BS 可设,出厂默认类别在探测器铭牌上标注)。

②工作电压:DC12~28 V。

③监视电流≤60 μA(注:静态时探测器可工作在 DC12~28 V 电压范围内)。

④报警电流:10~30 mA。

⑤报警确认灯:红色(巡检时闪烁,报警时常亮)。

⑥使用环境:

温度:

A1R 类别:典型应用温度 25 ℃;范围−10~+50 ℃ 。

BS 类别:典型应用温度 40 ℃;范围−10~+65 ℃,相对湿度≤95%。

⑦外壳防护等级:IP33。

⑧外形尺寸:直径 100 mm,高 58 mm(带底座)。

当空间高度小于 8 m 时,一个探测器的保护面积,对一般保护现场而言为 20~30 m²。具体参数应以《火灾自动报警系统设计规范》(GB 50116)为准。

(5)输入模块 GST-LD-8300

GST-LD-8300 型输入模块用于接收消防联动设备输入的常开或常闭开关量信号,并将联动信息传回火灾报警控制器(联动型),如图 4-1-14 所示。主要用于配接现场各种主动型设备,如水流指示器、压力开关、位置开关、信号阀及能够送回开关信号的外部联动设备等。这些设备动作后,输出的动作信号可由该模块通过信号二总线送入火灾报警控制器,产生报警,并可通过火灾报警控制器来联动其他相关设备动作。输入端具有检线功能,可现场设为常闭检线、常开检线输入,应与无源触点连接。本模块可采用电子编码器完成编码设置。当模块本身出现故障时,控制器将产生报警并可将故障模块的相关信息显示出来。

图 4-1-13　感温火灾探测器

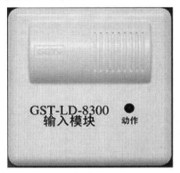

图 4-1-14　输入模块

GST-LD-8300 型输入模块主要技术指标：

①工作电压：总线 24 V。

②工作电流≤1 mA。

③线制：与控制器的信号二总线连接。

④出厂设置：常开检线方式。

⑤使用环境：温度 -10 ~ +55 ℃，相对湿度≤95%，不结露。

⑥外壳防护等级：IP30。

⑦外形尺寸：86 mm×86 mm×43 mm（带底壳）。

本模块对外端子示意如图 4-1-15 所示。

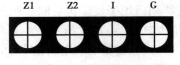

图 4-1-15　输入模块对外端子

其中：

Z1，Z2：与控制器信号二总线连接的端子。

I，G：与设备的无源常开触点（设备动作闭合报警型）连接；也可用电子编码器设为常闭输入。

布线要求：信号总线 Z1，Z2 采用阻燃 RVS 型双绞线，截面积≥1.0 mm²；I，G 采用阻燃 RV 软线，截面积≥1.0 mm²。

模块输入端如果设置为"常闭检线"状态输入，模块输入线末端（远离模块端）必须串联一个 4.7 kΩ 的终端电阻；模块输入端如果设置为"常开检线"状态输入，模块输入线末端（远离模块端）必须并联一个 4.7 kΩ 的终端电阻。

GST-LD-8300 输入模块与现场设备的接线如下：

①模块与具有常开无源触点的现场设备连接方法如图 4-1-16 所示。模块输入设定参数为常开检线。

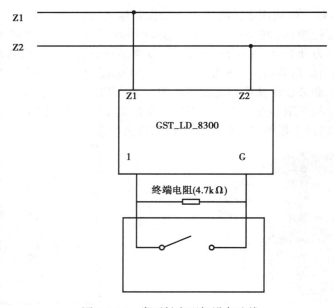

图 4-1-16　常开触点现场设备连线

②模块与具有常闭无源触点的现场设备连接方法如图 4-1-17 所示,模块输入设定参数设为常闭检线。

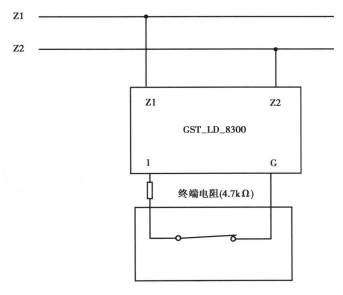

图 4-1-17　常闭触点现场设备连线

（6）切换模块 GST-LD-8302

GST-LD-8302 型切换模块实现对现场大电流（直流）启动设备的控制及交流 220 V 设备的转换控制,以防由于使用输入模块直接控制设备造成将交流电源引入控制系统总线的危险,如图 4-1-18 所示。本模块为非编码模块,不可直接与控制器总线连接,只能由输入模块控制。模块具有一对常开、常闭输出触点。

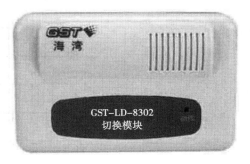

图 4-1-18　切换模块

GST-LD-8302 型切换模块主要技术指标如下：

①工作电压：DC24 V。

②监视电流：0 mA,动作电流≤20 mA。

③线制：输入端采用两线制与 GST-LD-8301 模块连接,无极性；输出端采用两线制与电源及受控设备连接,无极性。

④无源输出触点容量：DC24 V/5 A 或 AC220 V/5 A。

⑤使用环境：温度−10～+50 ℃,相对湿度≤95%,不结露。

⑥外壳防护等级：IP30。

⑦外形尺寸：120 mm×80 mm×43 mm（带底壳）。

本切换模块采用明装,当进线管预埋时,可将底盒安装在预埋盒上,安装方法如图 4-1-19 所示。当进线管明装时,采用后备盒安装方式。底盒与上盖间采用拔插式结构安装,拆卸简单方便,便于调试维修。底壳安装时应注意方向,底壳上标有安装向上标志。

切换模块对外端子示意图如图 4-1-20 所示。

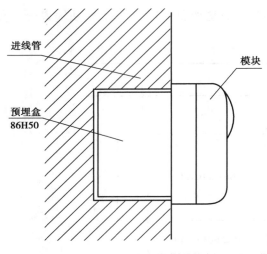

进线管

模块

预埋盒
86H50

图 4-1-19　切换模块安装

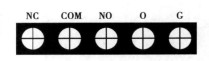

图 4-1-20　切换模块对外端子示意图

NC,COM,NO:常闭、常开控制触点输出端子;O,G:有源 DC24 V 控制信号输入端子,输入无极性。

布线要求:各端子外接线均采用阻燃 BV 线,截面积≥2.5 mm^2。

控制交流设备的接线方法如图 4-1-21 所示。

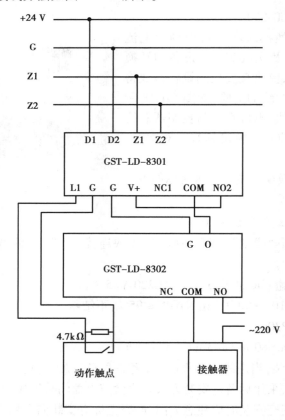

图 4-1-21　切换模块接线图

（7）隔离器 GST-LD-8313

在总线制火灾自动报警系统中,往往会出现某一局部总线出现故障(例如短路)造成整个报警系统无法正常工作的情况。隔离器的作用是,当总线发生故障时,将发生故障的总线部分与整个系统隔离开来,以保证系统的其他部分能够正常工作,同时便于确定出发生故障的总线部位,如图 4-1-22 所示。当故障部分的总线修复后,隔离器可自行恢复工作,将被隔离出去的部分重新纳入系统。

GST-LD-8313 型隔离器主要技术指标如下:

①工作电压:总线 24 V。

②动作电流≤100 mA。

③动作确认灯:黄色。

④使用环境:温度-10~+50 ℃,相对湿度≤95%,不结露。

⑤外壳防护等级:IP30。

⑥外形尺寸:86 mm×86 mm×43 mm(带底壳)。

隔离器的外形尺寸及结构与 GST-LD-8300 输入模块相同,安装方法也相同,一般安装在总线的分支处,可直接串联在总线上,其端子示意图如图 4-1-23 所示。

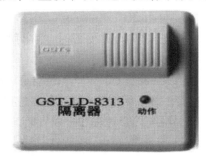

图 4-1-22　隔离器

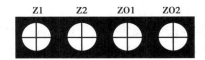

图 4-1-23　隔离器端子示意图

其中:

Z1,Z2:无极性信号二总线输入端子。

ZO1,ZO2:无极性信号二总线输出端子,动作电流为 100 mA。

布线要求:直接与信号二总线连接,无须其他布线。可选用截面积≥1.0 mm² 的阻燃 RVS 双绞线。

（8）手动火灾报警按钮 J-SAM-GST9121

J-SAM-GST9121 手动火灾报警按钮安装在公共场所,当人工确认火灾发生后按下报警按钮上的按片,可向控制器发出火灾报警信号,控制器接收到报警信号后,显示出报警按钮的编码信息并发出报警声响,如图 4-1-24 所示。

本手动火灾报警按钮主要具有以下特点:

①采用拔插式结构设计,安装简单方便。

②按下报警按钮按片,报警按钮提供的独立输出触点,可直接控制其他外部设备。

图 4-1-24　手动火灾报警按钮

③报警按钮上的按片在按下后可用专用工具复位。

④用微处理器实现对消防设备的控制,用数字信号与控制器进行通信,工作稳定可靠,对电磁干扰有良好的抑制能力。

⑤地址码为电子编码,可现场改写。

J-SAM-GST9121 手动火灾报警按钮主要技术指标如下:

①工作电压:总线 24 V。

②监视电流≤0.6 mA。

③报警电流≤1.8 mA。

④线制:与控制器无极性二线制连接。

⑤输出容量:额定 DC30 V/100 mA 无源输出触点信号,接触电阻≤0.1 Ω。

⑥使用环境:温度-10~+55 ℃,相对湿度≤95%,不结露。

⑦外壳防护等级:IP43。

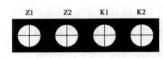

⑧外形尺寸:95.4 mm×98.4 mm×45.5 mm(带底壳)。

手动火灾报警按钮外接端子示意图如图 4-1-25 所示。

图 4-1-25　手动火灾报警按钮
外接端子示意图

其中:

Z1,Z2:无极性信号二总线接线端子。

K1,K2:额定 DC30 V/100 mA 无源常开输出端子,当报警按钮按下时,输出触点闭合信号,可直接控制外部设备。

布线要求:信号线 Z1,Z2 采用阻燃 RVS 双绞线,导线截面≥1.0 mm²。手动火灾报警按钮安装时只需拔下报警按钮,从底壳的进线孔中穿入电缆并接在相应端子上,再插好报警按钮即可安装好报警按钮,安装孔距为 60 mm。报警按钮安装采用进线管明装和进线管暗装两种方式,如图 4-1-26 所示。接线时,将手动火灾报警按钮的 Z1,Z2 端子直接接入控制器总线上即可。

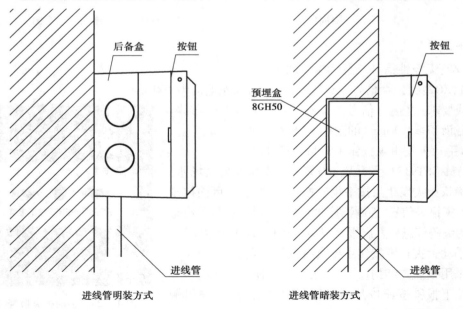

图 4-1-26　报警按钮安装

（9）消火栓按钮 J-SAM-GST9124

J-SAM-GST9124 型消火栓按钮通常安装在消火栓箱内,当人工确认发生火灾后,按下此按钮,即可启动消防水泵,同时向火灾报警控制器发出报警信号,火灾报警控制器接收到报警信号,将显示出按钮的编码号,并发出报警声响,如图 4-1-27 所示。本按钮采用三线制与设备连接,可完成对设备的启动及泵回答信号的监视功能,断开与火灾报警控制器连接的信号总线仍可正常启泵、检测回答信号和点亮指示灯。本按钮主要具有以下特点:

图 4-1-27　消火栓按钮

①采用拔插式结构,安装简单方便。

②可电子编码,可现场改写。

③按片在按下后可用专用工具复位。

J-SAM-GST9124 型消火栓按钮主要技术指标:

①工作电压:总线电压:总线 24 V;电源电压:DC24 V。

②监视电流≤0.5 mA。

③报警电流≤5 mA。

④线制:与火灾报警控制器采用两总线连接,与消防泵采用三线制连接(一根 24 V 输出线,一根回答输入线,一根公共地线或电源线)。

⑤输出容量:COM,NO 输出触点信号,额定容量 DC24 V/100 mA,接触电阻≤0.1Ω。

⑥使用环境:温度−10～+55 ℃,相对湿度≤95％,不结露。

⑦外壳防护等级:IP65。

⑧外形尺寸:95.4 mm×98.4 mm×52.5 mm(带底壳)。

J-SAM-GST9124 消火栓按钮对外接线端子示意图如图 4-1-28 所示。

图 4-1-28　消火栓按钮对外接线端子

其中:

Z1,Z2:接控制器信号总线,无极性。

V+,G:DC24 V 电源输入端,有极性;DC24 V 由泵控制箱提供时不用。

COM:DC24 V 启泵信号输出端。

I:无源常开触点回答信号输入端。

NO:输出常开触点信号,额定容量 DC24 V/100 mA。

布线要求:信号线 Z1,Z2 采用阻燃 RVS 型双绞线,截面积≥1.0 mm^2;其他采用 BV 线或 RVS 线,截面积≥1.0 mm^2。

消火栓按钮采用多线制方式直接启动消防泵,启泵电源由泵控制箱提供,将 24 V 正极线接到按钮的 V+端。此时如果按下按钮则 COM 端子输出 DC24 V 电压信号,同时总线上报按钮动作;泵控制箱上的无源动作触点信号通过 I 端反馈至按钮,可以点亮按钮上的绿色回答指示灯。接线如图 4-1-29 所示。

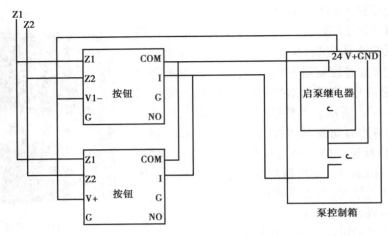

图 4-1-29　消火栓按钮接线

（10）火灾声光警报器 GST-HX-M8503

GST-HX-M8503 火灾声光警报器是一种安装在现场的声和光报警设备，由消防控制中心的火灾报警控制器启动。启动后警报器发出强烈的声和光报警信号，以达到提醒现场人员注意的目的，如图 4-1-30 所示。警报器功耗低、寿命长；火警声报警，声音洪亮清晰，能够在远距离的情况下提醒现场人员；报警光显示醒目。

图 4-1-30　火灾声光警报器

GST-HX-M8503 火灾声光警报器主要技术指标如下：

①工作电压：

总线电压：总线 24 V；电源电压：DC24 V。

②监视电流：

总线电流≤0.5 mA，电源电流≤2 mA。

③动作电流：

总线电流≤2 mA，电源电流≤60 mA。

④线制：四线制，与控制器采用无极性信号二总线连接，与电源线采用无极性二线制连接。

⑤声压级≥85 dB（正前方 3 m 水平处（A 计权））。

⑥闪光频率：1.0～1.5 Hz。

⑦变调周期：4 s（1±20%）。

⑧声调：火警声。

⑨使用环境：温度−10～+50 ℃，相对湿度≤95%，不结露。

⑩外壳防护等级：IP30。

⑪执行标准：GB 26851-2011。

⑫外形尺寸：106 mm×142 mm×62 mm。

安装方法：

①警报器采用明装方式，在普通高度空间下，以距顶棚 0.2 m 处为宜，安装方式如图4-1-31所示。

②安装时，先用两个螺钉将警报器后壳固定在墙上的 86H50 型预埋盒上（注意警报器后

壳"UP"及箭头朝上）。

③从警报器后壳的进线孔中穿入电缆接在相应端子上，然后将警报器前壳上部塞入警报器后壳，再将警报器前壳下方按入警报器后壳中。

④拆卸时，用一字螺丝刀从警报器后壳下方"A"处缺口插入（图4-1-31，此处外壳上有一小三角形标志），向下用力撬动，即可将警报器前壳拆下。

警报器接线端子示意图如图4-1-32所示。

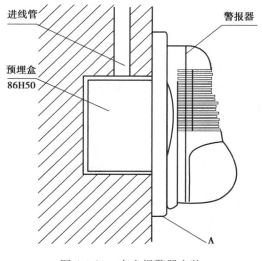

图4-1-31　声光报警器安装

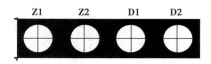

图4-1-32　警报器接线端子示意图

其中：

Z1,Z2：控制器信号总线，无极性。

D1,D2：接DC24 V电源，无极性。

布线要求：信号总线Z1,Z2采用阻燃RVS双绞线，截面积≥1.0 mm²；电源线D1,D2采用阻燃BV线，截面积≥1.5 mm²。

2.消防电话系统GST-TS9000

GST-TS9000消防电话系统是一种消防专用的通信系统，通过这个系统可迅速实现对火灾的人工确认，并可及时掌握火灾现场情况及进行其他必要的通信联系，便于指挥灭火及现场恢复工作。GST-TS9000消防电话系统满足GB 16806—2006《消防联动控制系统》中对消防电话的要求，是一套总线制消防电话系统。总线制消防电话系统由消防电话总机、火灾报警控制器（联动型）、消防电话接口、固定消防电话分机、消防电话插孔、手提消防电话分机等设备构成，如图4-1-33所示。

GST-TS9000消防电话系统主要由以下设备组成：GST-TS-Z01A型消防电话总机、GST-TS-100A/100B型消防电话分机、GST-LD-8312型消防电话插孔、GST-LD-8304型消防电话接口。

注意：GST-TS9000消防电话系统的现场设备应与系统主机在同一台控制器上，不支持联网控制器的应用。

每个GST-TS-100A/GST-TS-100B型消防电话分机需要配接1个GST-LD-8304型消防电话接口。

每100个GST-LD-8312型消防电话插孔需要配接1个GST-LD-8304型消防电话接口。

每 512 个 GST-LD-8304 型消防电话接口需要配接 1 个 GST-TS-Z01A/GST-TS-100B 型消防电话总机。

与 GST9000 联动控制器配接时,每个回路板可最多配接两台 GST-TS-Z01A 型消防电话总机,或 1 台 GST-TS-Z01A 型消防电话总机和 1 台 GST-GBFB-200/MP3 广播分配盘,或 1 台 GST-GBFB-200/MP3 广播分配盘。每个 GST-LD-8304 型消防电话接口占用一个总线点,需要计入控制器总线点数量。GST-LD-8304 型消防电话接口数量×0.033 A＝GST-LD-8304 型消防电话接口需要的 DC24 V 联动电源供电电流。每个 GST-TS-Z01A 型消防电话总机需要使用 0.5 A 的 DC24 V 联动电源。

根据现场 GST-TS-100A 型消防电话分机和 GST-LD-8312 型消防电话插孔的数量计算出 GST-LD-8304 消防电话接口的数量。根据 GST-LD-8304 型消防电话接口的数量计算出 GST-TS-Z01A 型消防电话总机数量。根据与"联动控制器配置"的说明进行控制器总线点数量计算、回路板数量计算、DC24 V 联动电源容量计算,完成联动控制器配置。

(1)GST-TS-Z01A 型消防电话总机

GST-TS-Z01A 型消防电话总机是消防通信专用设备,当发生火灾报警时,由它可以提供方便快捷的通信手段,是消防控制及其报警系统中不可缺少的通信设备,如图 4-1-33 所示。

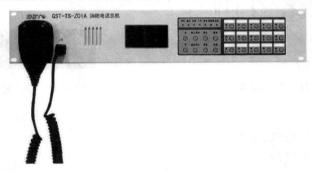

图 4-1-33　消防电话总机

GST-TS-Z01A 型消防电话总机主要具有以下特点:

①每台总机可以连接最多 512 路消防电话分机或 51 200 个消防电话插孔。

②总机采用液晶图形汉字显示,通过显示汉字菜单及汉字提示信息,非常直观地显示了各种功能操作及通话呼叫状态,使用非常便利。

③在总机前面板上设计有 15 路的呼叫操作键,和现场电话分机形成一对一的按键操作,使得呼叫通话操作非常直观方便。

④总机中使用了固体录音技术,可存储呼叫通话记录。

GST-TS-Z01A 型消防电话总机主要技术指标如下:

①工作电压:DC24 V±10%。

②工作电流≤0.5 A。

③允许消防电话分机环路电阻:<1 000 Ω。

④频率范围:300~3400 Hz。

⑤串音电平:<−60 dB。

⑥传输损耗:<5 dB。

⑦使用环境:温度 0~+40 ℃,相对湿度≤95%,不结露。

⑧外形尺寸:482.6 mm×88.1 mm×155.0 mm(GST-TS-Z01 A)。

本消防电话总机采用标准插盘结构安装,其后部示意图如图 4-1-34 所示。

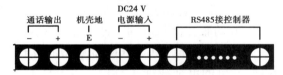

图 4-1-34　消防电话总机后部示意图

其中系统内部接线如下:

机壳地:与机架的地端相接 DC24 V。

电源输入:接 DC24 V。

RS485 接控制器:与火灾报警控制器相连接。

系统外部接线:

通话输出:消防电话总线,与 GST-LD-8304 接口连接。

布线要求:通话输出端子接线采用截面积≥1.0 mm² 的阻燃 RVVP 屏蔽线,最大传输距离 1 500 m。

特别注意:现场布线时,总线通话线必须单独穿线,不要同控制器总线同管穿线,否则会对通话声产生很大的干扰。

(2)消防电话分机 GST-TS-100A/100B

GST-TS-100A/GST-TS-100B 型消防电话分机是消防专用总线制通信设备,GST-TS-100A 型消防电话分机为固定式安装,摘机即呼叫电话主机,如图 4-1-35 所示;GST-TS-100B 型消防电话分机为手提式,可直接插入电话插孔呼叫电话主机,如图 4-1-36 所示。通过消防电话分机可迅速实现对火灾的人工确认,并可及时掌握火灾现场情况,便于指挥灭火工作。消防电话分机采用专用电话芯片,工作可靠,通话声音清晰,使用方便灵活。

图 4-1-35　GST-TS-100A 型消防电话分机　　　图 4-1-36　GST-TS-100B 型消防电话分机

GST-TS-100 A/GST-TS-100B 型消防电话分机主要技术指标如下:

①工作电压:DC24 V,允许范围:DC20 V~DC28 V。

②工作电流:通话时电流约为 65 mA。

③线制:无极性二总线制。

④使用环境:温度-10~+50 ℃,相对湿度≤95%,不结露。

⑤外壳防护等级:IP30。

⑥外形尺寸：

GST-TS-100A：206 mm×56 mm×51.5 mm（含底座）。

GST-TS-100B：200 mm×50 mm×38.3 mm。

GST-TS-100A 型消防电话分机安装示意图如图 4-1-37 所示。在安装处打出间距为 150 mm的两个 φ6 的孔，穿入 φ6 的胀套，用 φ6 的胀钉固定好后，将 GST-TS-100A 消防电话分机底座直接挂在胀钉上。将电话线插头插入 GST-LD-8304 型消防电话接口的电话插孔内。

GST-TS-100B 型消防电话分机的电话线插头直接接入 GST-LD-8312 型消防电话插孔内即可。

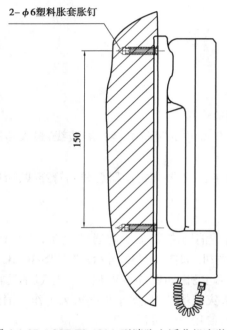

图 4-1-37　GST-TS-100A 型消防电话分机安装

图 4-1-38　消防电话插孔

（3）消防电话插孔 GST-LD-8312

GST-LD-8312 型消防电话插孔是非编码设备，主要用于将手提消防电话分机连入消防电话系统，如图 4-1-38 所示。消防电话插孔需通过 GST-LD-8304 消防电话接口接入消防电话系统，不能直接接入消防电话总线。多个消防电话插孔可并连使用，接线方便、灵活。每只消防电话接口最多可连接 100 只消防电话插孔。

GST-LD-8312 型消防电话插孔主要技术指标如下：

①线制：采用无极性两线制

②使用环境：温度−10～+55 ℃，相对湿度≤95%，不结露。

③外形尺寸：86 mm×86 mm×48 mm。

电话插孔安装采用进线管预埋装方式，取下电话插孔的红色盖板，用螺钉或自攻螺钉将电话插孔安装在 86H50 型预埋盒上，安装孔距为 60 mm，安装好红色盖板，安装方式如图 4-1-39 所示。

电话插孔对外端子示意图如图 4-1-40 所示。

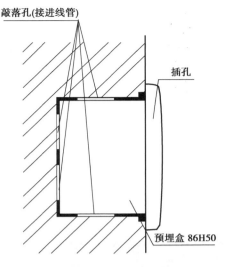

图 4-1-39　电话插孔安装示意图

图中标注：敲落孔(接进线管)、插孔、预埋盒 86H50

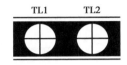

图 4-1-40　电话插孔对外端子示意图

其中,TL1,TL2:消防电话线,与 GST-LD-8304 连接的端子。端子 XT1 电话线输入端,端子 XT2 电话线输出端,接下一个电话插孔,最末端电话插孔 XT2 接线端子接 4.7 kΩ 终端电阻。

布线要求:TL1,TL2 采用截面积≥1.0 mm² 的阻燃 RVVP 屏蔽线。

(4)消防电话接口 GST-LD-8304

GST-LD-8304 型消防电话接口主要用于将手提／固定消防电话分机连入总线制消防电话系统,如图 4-1-41所示。该消防电话接口是一种编码接口,占用一个编码点,与火灾报警控制器进行通信实现消防电话总机和消防电话分机的驳接,同时也实现消防电话总线断、短检线功能。当消防电话分机的话筒被提起,消防电话分机通过消防电话接口自动向消防电话总机请求接入,接受请求后,由火灾报警控制器向该接口发出启动命令,将消防电话分机接入消防电话总线。当消防电话总机呼叫时,通过火灾报警控制器向电话接口发启动命令,电话接口将消防电话总线接到消防电

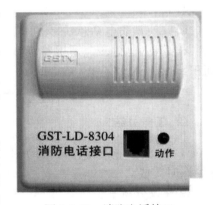

图 4-1-41　消防电话接口

话分机。GST-LD-8304 型消防电话接口可连接一台固定消防电话分机或最多连接 100 只消防电话插孔。可通过四线水晶头插座直接连接 GST-TS-100A 固定电话分机,通过连接 TL1,TL2 端子的电话线连接 GST-LD-8312 消防电话插孔。多个电话插孔可并接在此电话线上。

GST-LD-8304 型消防电话接口主要技术指标如下:

①工作电压:总线电压:总线 24 V,电源电压:DC24 V。

②监视电流:总线电流≤1 mA,电源电流≤5 mA。

③动作电流:总线电流≤3 mA,电源电流≤90 mA。

④编码方式:电子编码,占一个编码点,编码范围 1~242。

⑤容量:最多连接 100 只电话插孔。

⑥线制:

a.与火灾报警控制器采用无极性信号二总线连接,与电源线采用无极性二线制连接。

b.与消防电话二总线采用两线连接,无极性。

c.与消防电话分机采用四线连接,采用水晶头连接。

d.与消防电话插孔采用两线连接,无极性。

⑦输入参数设备:常开方式。

⑧使用环境:温度−10~+55 ℃,相对湿度≤95%,不结露。

⑨外壳防护等级:IP30。

⑩外形尺寸:86 mm×86 mm×43 mm(带底壳)。

GST-LD-8304 型消防电话接口对外端子示意图如图 4-1-42 所示。

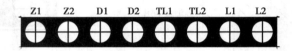

图 4-1-42 消防电话接口对外端子示意图

其中:

Z1,Z2:接火灾报警控制器两总线,无极性。

D1,D2:DC24 V 电源,无极性。

TL1,TL2:与 GST-LD-8312 连接的端子。

L1,L2:消防电话总线,无极性。

布线要求:Z1,Z2 采用截面积≥1.0 mm² 的阻燃 RVS 双绞线,DC24 V 电源线采用截面积≥1.5 mm² 的阻燃 BV 线,TL1,TL2,L1,L2 采用截面积≥1.0 mm² 的阻燃 RVVP 屏蔽线。

消防电话系统接线图如图 4-1-43 所示。

四、任务总结

①火灾自动报警及消防联动系统工程是酒店智能化系统的重要部分,本次任务建议利用 8 个课时完成。

②建议分组实施任务,3~4 人为一组,共同完成本项目。

③项目任务完成后,要进行任务成果分享。每一组都要讲解其实施过程、完成结果,由教师进行点评。

④任务结束后,学生要完成相应的实训报告书。

 思考与练习

1.简述火灾自动报警及联动系统的组成。

2.上网进行资料检索,列写消防系统相关的国家标准。

3.上网进行资料检索,列写市面上火灾自动报警设备的主要品牌。

4.简述消防联动系统的联动过程。

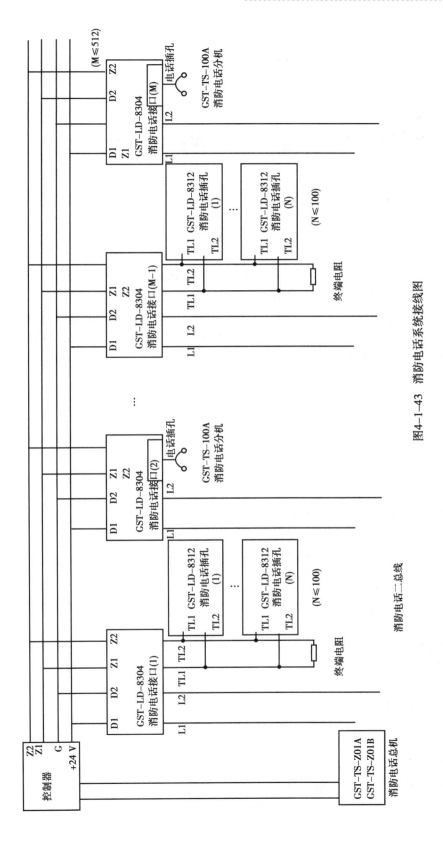

图4-1-43　消防电话系统接线图

项目五
建筑设备监控系统(BA)的集成设计

建筑设备监控系统,又称为楼宇自控或楼宇自动化控制系统(Building Automation System,简称 BAS),是将建筑物(或建筑群)内的中央空调、送排风、给排水、供配电、照明、电梯等设备以集中监视、控制和管理为目的而构成的一个综合系统,是由中央管理站、各种 DDC(Direct Digital Control,直接数字控制)控制器及各类传感器、执行机构组成的,能够完成多种控制及管理功能的网络系统。《建筑设备监控系统工程技术规范》(JGJ/T 334—2014)对建筑设备监控系统设计内容作了详细明确的规定。

任务 建筑设备监控系统的集成设计

教学目标

终极目标:会进行建筑设备监控系统的集成设计。
促成目标:1.会撰写建筑设备监控系统设计方案。
        2.会绘制建筑设备监控系统原理图。
        3.会选择合适的建筑设备监控系统设备。

工作任务

1.设计建筑设备监控系统(以某酒店为对象)。
2.完成建筑设备监控系统设备选型。

相关知识

现代智能建筑对建筑物的结构、系统、服务及管理最优化组合的要求越来越高,要求建筑物能够提供一个合理、高效、节能和舒适的工作环境。楼宇自控系统保证楼宇内的机电设备正常运行并达到最佳状态,依靠强大软件支持下的计算机进行信息处理、数据分析、逻辑判断和图形处理,对整个系统作出集中监测和控制,如图 5-1-1 所示。通过计算机系统及时启停各有

164

关设备,避免设备不必要的运行,又可以节省系统运行能耗。楼宇内的机电设备出现故障时,能够及时知道何时何地出现何种故障,将事故消除在萌芽状态。

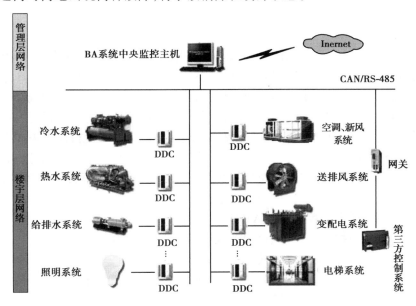

图 5-1-1　楼宇自控系统组成

自动控制、监视、测量是建筑设备管理的三大要素,其目的是正确掌握建筑设备的运转状态、事故状态、能耗、负荷的变动等。尤其在使用计算机之后既可大力节省人力,又可节省能源。一般认为可节约能源 25%。

楼控系统采用的是基于现代控制理论的集散型计算机控制系统,也称为分布式控制系统(Distributed control systems,DCS)。它的特征是"集中管理分散控制",即用分布在现场被控设备处的微型计算机控制装置(DDC)完成被控设备的实时检测和控制任务,克服了计算机集中控制带来的危险性高度集中的不足和常规仪表控制功能单一的局限性。安装于中央控制室的中央管理计算机具有 CRT 显示、打印输出、丰富的软件管理和很强的数字通信功能,能完成集中操作、显示、报警、打印与优化控制等任务,避免了常规仪表控制分散后人机联系困难、无法统一管理的缺点,保证设备在最佳状态下运行。

任务实施

一、任务提出

现有一栋新建酒店,该酒店共 22 层(地下 1 层,地上 21 层)。本酒店需要安装先进的建筑设备监控系统(BA 系统),请进行集成设计。

二、任务目标

①会撰写酒店建筑设备监控系统设计方案。
②会画酒店建筑设备监控系统图。

③会选择合适的 DDC 控制器及外围设备。

三、实施步骤

(一)需求分析

本酒店建筑面积广阔,建筑功能复杂,建筑内部配置了大量的机电设备,均由楼宇自动控制系统进行自动化的控制和管理,以起到降低能耗并提升管理水平的作用。具体到本酒店楼宇自控系统的需求如下:对大楼内的制冷系统、通风系统、热源系统、给排水系统、电梯系统等进行自控监控或监测。收集、记录、保存和管理各子系统的重要信息并提供可打印的报告。系统采用集散控制网络,由 DDC 内编译好的程序自动控制机电设备运行而不需要上层管理网络的干预。设置灵活的时间表,可以根据工作日/休息日、上班时间/下班时间控制各类设备的启停时间、运行模式。系统管理层网络应具有冗余能力,在一台服务器发生故障时,另一台服务器能够顺畅地接管工作,确保管理层网络的正常工作。

本酒店大楼需要楼宇自控系统(BAS)监控内容具体描述如下:
①中央制冷监测与控制系统(通过 DDC 及网络接口接入 BAS)。
②热水锅炉群控系统(通过网络接口接入 BAS)。
③空调系统(通过 DDC 接入 BAS),包括新风机组和双风机机组。
④送/排风系统(通过 DDC 及接入 BAS)。
⑤电梯系统(通过 DDC 及接入 BAS)。
⑥给排水系统(通过 DDC 及接入 BAS)。

(二)方案设计

本酒店楼宇自控系统共设计各类 I/O 点合计 665 个,如图 5-1-4 所示。其中模拟输入点 100 个、模拟输出点 32 个、数字输入点 407 个、数字输出点 126 个。系统采用开放协议 BACnet 技术构建开放型集散控制网络,现场数字控制器、各类 I/O 模块连接在 Lon 总线上,可以脱离管理网络独立运行。管理中心设在负一层消防安保控制室,通过图形化、全中文的管理软件对大楼内的冷热源、空调、通风、电梯、给排水等子系统进行集中管理。另外,建议增加大空间公共区域的空调风机变频控制、室内空气质量及地下车库废气浓度检测等功能。

根据项目要求,设计本酒店建筑设备监控系统如图 5-1-5 所示。由图可知,本项目楼宇自控系统监控的机电设备包括冷热源系统、空调系统、给排水系统、送排风系统、电梯系统。根据本酒店大楼内各类功能建筑系统设置情况不同,建筑设备监控系统的设置范围及监控内容见表 5-1-1。

表 5-1-1　楼宇自控系统监控内容

系统名称	监控内容	办公室	控制机房	会议室	锅炉间	员工食堂	公共服务	客房	值班室	室外园区
楼宇自控系统	冷热源系统	√	√	√	√	√	√	√	√	
	空调系统	√	√	√		√	√	√	√	
	给排水系统	√	√		√	√	√	√	√	√
	送排风系统	√	√	√		√	√	√	√	
	电梯系统	√					√	√	√	

1.酒店冷热源系统的控制

(1)冷源系统

本酒店采用冷水机组制冷系统,冷水机组包括4个主要组成部分:压缩机、蒸发器、冷凝器、膨胀阀,从而实现了机组制冷制热效果。在空调系统,冷冻水通常是分配给换热器或线圈在空气处理机组或其他类型的终端设备的冷却在其各自的空间,然后冷却水重新分发回冷凝器被冷却了。冷水机组的监控内容及相应的控制方法见表5-1-2。

表 5-1-2　冷水机组的控制方法

监控内容	控制方法
冷负荷需求计算	根据冷冻水供、回水温度和供水流量测量值,自动计算建筑空调实际所需冷负荷量
机组台数控制	根据建筑所需冷负荷及差压旁通阀开度,自动调整冷水机组运行台数,达到最佳节能的目的 独立空调区域负荷计算根据 $Q = C \times M \times (T1 - T2)$,$T1$ = 分回水管温度,$T2$ = 分供水总管温度,M = 分回水管回水流量 当负荷大于一台机组的15%,则第二台机组运行
机组联锁控制	启动:冷却塔蝶阀开启,冷却水蝶阀开启,开冷却水泵,冷冻水蝶阀开启,开冷冻水泵,开冷水机组。 停止:停冷水机组,关冷冻泵,关冷冻水蝶阀,关冷却水泵,关冷却水蝶阀,关冷却塔风机、蝶阀
冷冻水差压控制	根据冷冻水供回水压差,自动调节旁通调节阀,维持供水压差恒定
冷却水温度控制	根据冷却水温度,自动控制冷却塔风机的启停台数
水泵保护控制	水泵启动后,流量计检测水流状态,如故障,则自动停机,备用泵自动投入运行
机组定时启停控制	根据事先排定的工作节假日作息时间表,定时启停机组自动统计机组各水泵、风机的累计工作时间,提示定时维修
机组运行参数	监测系统内各检测点的温度、压力、流量等参数,自动显示,定时打印及故障报警
水箱补水控制	自动控制进水电磁阀的开启与闭合,使膨胀水箱水位维持在允许范围内,水位超限进行故障报警

控制中心根据上述监控的内容和控制方法设定冷水机组工作参数、控制设备的运行,控制流程如图5-1-2所示。在监控系统中央控制站(上位机)上进行编程,并下载到DDC(下位机)上,进行系统控制。控制中心通过对冷水机组、冷却水泵、冷却水塔、冷冻水循环泵台数的控制,可以有效地、大幅度地降低冷源设备的能耗。例如,当空调系统冷冻水供水量减少而供水压力升高时,可通过冷冻水旁通阀调节供水量,确保系统压差稳定。若冷冻水的旁通流量超过了单台冷冻水循环泵的流量时,则自动关闭一台冷冻水循环泵。控制中心可根据冷冻水供、回水温度与流量,参考当地的室外温度,计算出空调系统的实际负荷,并将计算结果与冷水机组的总供水量比较。若总供水量减去空调系统的实际负荷小于单台冷水机组的供冷量,则自动维持一台冷水机组运行而停止其他几台冷水机组的工作。

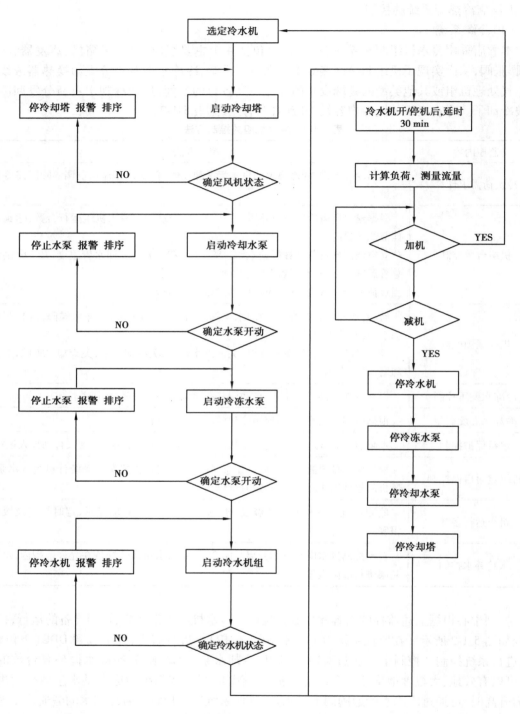

图 5-1-2 冷水机组的控制流程

　　为了实现自动监控冷水机组,需要在控制点采样数据。表 5-1-3 为冷水机组监控功能点表,依据此点表,将冷水机组各类型监控信号接入 DDC 控制器,对机组以及整个空调水系统的工况进行监控。

表 5-1-3　冷水机组监控功能点表

设备名称	设备数量	控制说明 （控制点为每台数量）	数字 输出 DO	数字 输入 DI	模拟 输出 AO	模拟 输入 AI
冷却塔	3 台	风机手、自动状态		1		
		电气主回路状态		1		
		变频器运行状态		1		
		变频器故障状态		1		
		变频器频率反馈				1
		控制电气主回路通断	1			
		控制变频器启停	1			
		变频器频率设定			1	
冷却塔电磁 控制阀	6 个	阀位反馈		1		
		控制阀门开关	1			
冷却水泵	3 个	监测水泵手、自动状态		1		
		监测水泵运行状态		1		
		监测水泵故障状态		1		
		控制水泵启停	1			
温度传感器	1	测量室外温度				1
湿度传感器	1	测量室外相对湿度				1
温度传感器	1	测量冷却水温度（送水）				1
温度传感器	1	测量冷却水温度（回水）				1
螺杆式水冷机组	3	控制阀门开闭（冷却水送水）	1			
		测量冷却水流量（回水）		1		
		控制冷水机组启停	1			
		监测冷水机组启停状态		1		
		监测冷水机组故障状态		1		
		测量冷冻水流量（回水）		1		
		控制阀门开闭（冷冻水送水）	1			
流量计	1	测量冷冻水流量（送水）				1
压力传感器	1	测量冷冻水压力（送水）				1
温度传感器	1	测量冷冻水温度（送水）				1
冷冻水泵	3	监测水泵手、自动状态		1		
		监测水泵运行状态		1		
		监测水泵故障状态		1		
		控制水泵启停	1			

续表

设备名称	设备数量	控制说明 （控制点为每台数量）	数字 输出 DO	数字 输入 DI	模拟 输出 AO	模拟 输入 AI
压差控制器	1	测量阀位反馈				1
		控制阀门开度			1	
温度传感器	1	测量冷冻水温度（回水）				1
压力传感器	1	测量冷冻水压力（回水）				1
补水泵	2	监测水泵手、自动状态		1		
		监测水泵运行状态		1		
		监测水泵故障状态		1		
		控制水泵启停	1			
膨胀水箱	1	水位开关（高位）		1		
		水位开关（低位）		1		
小计（监控点数×设备数量）			29	56	4	13
合　计			102			

（2）热源系统

本酒店热源由锅炉房供应热水到热水泵，然后输送到风机盘管，如图5-1-7所示（见书后附图）。由风机机组将热风送到各个房间。控制流程与冷水系统相同，使用DDC实现自动监控，表5-1-4为热源系统的监控点表。

表5-1-4　热源系统监控点表

设备名称	设备数量	控制说明 （控制点为每台数量）	数字 输出 DO	数字 输入 DI	模拟 输出 AO	模拟 输入 AI
温度传感器	1	测量热水温度（送水）				1
压力传感器	1	测量热水压力（送水）				1
空调热水泵	1	监测水泵手、自动状态		1		
		监测水泵运行状态		1		
		监测水泵故障状态		1		
		控制电气主回路通断	1			
		监测变频器运行状态		1		
		变频器频率反馈				1
		控制变频器启停	1			
		变频器频率设定			1	
温度传感器	1	测量热水温度（回水）				1

续表

设备名称	设备数量	控制说明（控制点为每台数量）	数字输出 DO	数字输入 DI	模拟输出 AO	模拟输入 AI
压力传感器	1	测量热水压力（回水）				1
空调板式换热器	2	测量阀位反馈				1
		控制阀门开度			1	
温度传感器	1	测量一次热水温度（送水）				1
压力传感器	1	测量一次热水压力（送水）				1
流量计	1	测量一次热水流量（送水）				1
温度传感器	1	测量一次热水温度（回水）				1
压力传感器	1	测量一次热水压力（回水）				1
小计（监控点数×设备数量）			2	4	3	12
合　计				21		

　　楼宇自控系统通过标准通信网关与冷热源系统实现完全开放式的数据通信，在 BAS 系统中央站自由读取其内部数据。冷热源控制系统通信接口与 BAS 系统通信接口，采用点对点的方式联入楼宇管理系统采用集成网关对楼内的中央制冷（热）站通过计算机通信方式与每组机组的通信接口进行通信，可对机组内部参数进行监测、设定及机组启停控制，楼宇自控系统通过 DDC 控制器直接采集冷热源系统中的冷（热）机组以及空调水泵的各种参数。同时监视冷（热）机组及空调水泵、冷却塔（热交换器）的启停，各种联动控制的实现与否，备用设备的正常转换。

　　通信网关的方式具有以下优点：①提高了系统的技术等级和可靠性；②可监控更多的系统参数，且增加监控点不增加现场布线工作；③避免了传感器的重复投资，减少了现场的布线工作。

2.空调机组的控制

　　如图 5-1-5（见书后附图）所示的监控系统图可知本酒店第一层使用双风机空调机组（本项目共 1 套）和新风机空调机组（本项目共 14 套）组合系统，其余各层均使用新风机组空调系统形式。一般空调系统的自动控制内容及控制方法见表 5-1-5。

表 5-1-5　空调系统的控制

监控内容	控制方法
启停控制	空调可以通过 BAS 系统自动控制启动停止，也可以在现场手动控制 具有定时启停功能，可以根据预定的时间表启停设备 具有联锁功能，送风机启动前，风阀全开，送风机启动后，温度、流量控制回路接通，送风机停止后，风阀关闭，水阀关闭 支持消防联动，接受消防强制信号控制送风机以及风阀

续表

监控内容	控制方法
温度监控	监测新风、送风、回风的温度,并根据预定的高低限值判断,超限则输出报警信息 使用串级控制回路对回风温度进行控制,其内环控制通过 PID 控制送风温度,送风温度的设定值可以通过操作员手动或 BMS 自动进行重设,这就是外环控制(设定值重设回路)(图5-1-3) 当回风温度超出其上限并维持预设的时间死区,则送风温度设定值将自动减小一个偏移量 当回风温度低于其下限并维持预设的时间死区,则送风温度设定值将自动增加一个偏移量
风管压力控制	监测风管静压值,并根据预定的高低限值判断,超限则输出报警信息 通过变频器控制送风机的速度,保证风管的静压值在设定范围
风阀控制	风阀执行器为模拟量控制,通过 BAS 可控制风阀执行器的任意开度
风量检测	检测送风流量,并根据预定的高低限值判断,超限则输出报警信息
压差状态监控	在中段过滤器前后设置压差开关,监测过滤器的堵塞情况,输出报警信号 在送风机前后设置压差开关,风机启动后,压差开关无信号输出则报警,联动停机,进入故障处理程序
报警故障处理	监测送风机的故障报警状态、风机压差状态和过滤器的压差报警状态,一旦检测报警状态,空调机停机,按关机步骤执行
软件控制模式	控制软件对送风机的启停提供一个延迟开启的功能,用以保护设备在开启过渡情况下可能造成的损坏 提供时间表控制功能,空调机组可按日夜模式、节假日模式和定制时间模式启停使用

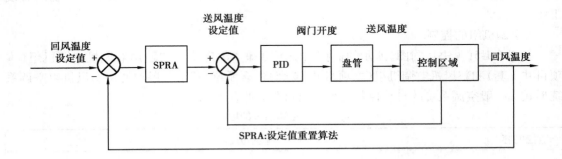

图 5-1-3　回风温度控制

如图 5-1-6 所示(见书后附图)为本酒店空调系统的监控原理图。由图分析列写本酒店大楼项目空调机组的控制点表,见表 5-1-6(双风机组,1 套)、表 5-1-7(新风机组,14 套)。

表 5-1-6　双风机空调机组控制点表

设备名称	数　量	控制说明（控制点为每台数量）	数字输出 DO	数字输入 DI	模拟输出 AO	模拟输入 AI
排风控制阀	1	控制风门执行器状态（排风）			1	
新风控制阀	1	控制风门执行器状态（新风）			1	
温度传感器	1	监测新风温度				1
湿度传感器	1	监测新风湿度				1
回风控制阀	1	控制风门执行器状态（回风）			1	
压差传感器	1	监测过滤器堵塞报警		1		
风机盘管	1	盘管水流调节			1	
		阀位反馈				1
加湿控制阀	1	控制新风管加湿阀	1			
送风风机	1	控制风机启停	1			
		监测风机故障报警		1		
		监测风机运行状态		1		
温度传感器	1	监测送风温度				1
湿度传感器	1	监测送风湿度				1
回风风机	1	控制风机启停	1			
		监测风机运行状态		1		
		监测风机故障报警		1		
温度传感器	1	回风温度				1
湿度传感器	1	回风湿度				1
温度传感器	1	房间温度				1
湿度传感器	1	房间湿度				1
小计（监控点数×设备数量）			3	5	4	9
合　计			21			

表 5-1-7　新风机空调机组控制点表

设备名称	数　量	控制说明（控制点为每台数量）	数字输出 DO	数字输入 DI	模拟输出 AO	模拟输入 AI
新风控制阀	1	控制风门执行器状态			1	
		风门执行器状态反馈		1		
温度传感器	1	新风温度				1
湿度传感器	1	新风湿度				1

续表

设备名称	数 量	控制说明 (控制点为每台数量)	数字 输出 DO	数字 输入 DI	模拟 输出 AO	模拟 输入 AI
压差传感器	1	过滤器堵塞报警		1		
风机盘管	1	盘管水流调节			1	
		阀位反馈				1
加湿控制阀	1	控制新风管加湿阀	1			
送风风机	1	控制风机启停	1			
		监测风机故障报警		1		
		监测风机运行状态		1		
温度传感器	1	送风温度				1
湿度传感器	1	送风湿度				1
小计(监控点数×设备数量)			2	4	2	5
合　计			13			

3.锅炉房热水系统

本酒店设置 3 座热水锅炉,两座用作空调系统的热源,一座用来供应热水。酒店 BA 系统配置一套 DDC 自动控制系统来监视热水锅炉运行状态。一旦锅炉发生故障,立即切断其相应的煤气供应。

如图 5-1-6 所示(见书后附图)是酒店锅炉房系统的监控原理图,分析该图,列出酒店锅炉房系统控制点表,见表 5-1-8。

表 5-1-8　酒店锅炉房系统控制点表

设备名称	数 量	控制说明 (控制点为每台数量)	数字 输出 DO	数字 输入 DI	模拟 输出 AO	模拟 输入 AI
膨胀水箱	1	水位开关(高)		1		
		水位开关(低)		1		
锅炉循环泵	3	监测水泵手、自动状态		1		
		监测水泵运行状态		1		
		监测水泵运行故障状态		1		
		监测变频器运行状态		1		
		变频器频率反馈				1
		控制电气主回路通断	1			
		控制变频器启停	1			
		变频器频率调节			1	

续表

设备名称	数　量	控制说明 (控制点为每台数量)	数字 输出 DO	数字 输入 DI	模拟 输出 AO	模拟 输入 AI
温度传感器	1	锅炉送水温度				1
压力传感器	1	锅炉送水压力				1
流量计	1	锅炉送水流量				1
温度传感器	1	锅炉回水温度				1
压力传感器	1	锅炉回水压力				1
锅炉补水泵	2	监测水泵手、自动状态		1		
		监测水泵运行状态		1		
		监测水泵故障状态		1		
		控制水泵启停	1			
锅炉给水泵	2	监测水泵手、自动状态		1		
		监测水泵运行状态		1		
		监测水泵故障状态		1		
		控制水泵启停	1			
温度传感器	1	锅炉给水温度				1
压力传感器	1	锅炉给水压力				1
流量计	1	锅炉给水流量				1
流量计	1	测量送水流量(去洗衣房)				1
小计(监控点数×设备数量)			10	26	3	12
合　计			51			

4.排风系统的控制

　　酒店人流量相对较大,需要安装排风、送风及排烟系统。排风系统的主要目的是排除室内空气,防止爆炸、中毒、空气不洁净等。送风系统主要指送新风,将室外的新鲜空气送入室内,为满足室内空气含量的要求。排烟系统主要是在消防范围内应用的,如地下车库、人防工程、酒店楼宇等都有排烟系统,是在建筑物发生火情之后,为了防止人们烟气中毒,便于逃生等,采用排烟系统将烟气排走。另外,这几种系统要求的风机及管内风速也都有区别。排烟风机需要耐高温,管内风速也要比送排风系统高。而且,其风管的阀门也有不同。

　　由图5-1-5所示(见书后附图),本酒店安装有送风、排风及排烟系统,其中送风系统8套,排风系统63套,排烟系统4套,各系统通过DDC实现自动控制。分析图5-1-5,列出本酒店送排风系统的控制点表,见表5-1-9。

表 5-1-9　送排风系统控制点表

设备名称	数量	控制说明 （控制点为每台数量）	数字输出 DO	数字输入 DI	模拟输出 AO	模拟输入 AI
送排风风机	1	监测风机运行状态		1		
		控制风机启停	1			
		监测风机手、自动运行状态		1		
		监测风机故障报警		1		
小计（监控点数×设备数量）			1	3		
合　计				4		

5.给排水系统的控制

给排水系统包括生活给水系统、污水排水系统。系统中的水泵与水压、集水坑水位状态联动，仅在需要时才投入运转，避免不必要的浪费，节约水源。实现对给排水系统集中管理和自动监测，就能确保每一个液位报警信号及时地反馈到中央监控室，同时联动给排水泵的启停，使给排水系统的机电设备安全运行，大大提高大楼内物业人员的工作效率。本酒店给排水系统监控内容见表 5-1-10。

表 5-1-10　给排水系统监控内容

监控设备	监控内容
生活泵	启停、运行状态、故障报警
水压	反馈给水压力
排水泵	运行状态、故障报警

常见的酒店给排水系统控制方案如下：

（1）给水系统

监测给水泵运行状态和故障状态，根据给水压力控制生活水泵的启停。

（2）排水系统

监测潜水泵、排水泵等运行状态和故障状态。监测污水池/集水坑高液位报警，当高液位报警时潜水泵自动开启并排水，防止溢流，直至到低液位信号时停泵；防止水泵空转。

（3）运行时间的累计

水泵运行状态符合要求，开始累计水泵运行时间，每满 1 h 将自动记录累加的时间自动显示在水泵的动态画面上。当累计到一定时间后与备用泵自动切换，使每台设备的运行累计时间均衡，从而达到保护设备、延长使用寿命的目的。

（4）趋势记录

水泵的各动态运行参数、能量管理参数及能耗均可自动记录、储存、列表，并定时打印，以便管理人员的查询、管理和分析。给排水系统的监测：监测各水泵的运行状态、故障。同时监测水压力。各监测参数超限或异常均自动发出声光报警，并同步打印。所有预设程序均可按实际需要和要求，在中央管理工作站上调整修改，以满足用户的使用。

本项目装有 4 台给水泵，16 台集水坑潜污泵（排水泵），每台给水泵需要 3 个数字输入点来监控泵的运行状态及故障报警,以及给水压力。同时需要 1 个数字输出点用来启停给水泵。而排水泵无需监测排水压力,故只需两个数字输入点和 1 个数字输出点。通过分析酒店给排水系统,列写控制点表,见表 5-1-11。

表 5-1-11　给排水系统的控制点表

设备名称	数量	控制说明 (控制点为每台数量)	数字输出 DO	数字输入 DI	模拟输出 AO	模拟输入 AI
生活水泵 (给水泵)	1	控制给水泵启停	1			
		监测给水泵运行状态		1		
		监测给水泵故障报警		1		
		监测给水压力		1		
集水坑排水泵	1	控制排水泵启停	1			
		监测排水泵运行状态		1		
		监测排水泵故障报警		1		
小计(监控点数×设备数量)			2	5		
合　计			7			

6.电梯系统的监测

一般来说,楼宇自控系统对电梯及自动扶梯装置只监不控,监测运行状态及故障报警等相关参数,监测内容见表 5-1-12。

表 5-1-12　电梯系统监测内容

监控内容	控制方法
状态检测及报警	自动检测电梯当前运行状态(楼层,上、下行信号),故障时报警等
运行时间统计	软件实现对电梯的运行时间进行累计

本酒店大楼共有 8 台电梯,其中客梯 6 台,货梯两台。每台电梯系统的监测控制点表见表 5-1-13。

表 5-1-13　电梯系统的监测点表

设备名称	数量	控制说明 (控制点为每台数量)	数字输出 DO	数字输入 DI	模拟输出 AO	模拟输入 AI
电梯系统	1	监测电梯楼层显示				1
		监测电梯运行状态		1		
		监测电梯故障报警		1		
		监测电梯上、下行信号		1		
		控制电梯通断电	1			
		控制门禁开启/解除	1			
小计(监控点数×设备数量)			2	3		1
合　计			6			

（三）设备选型

集成系统实际上是计算机网络通信技术和计算机应用技术相结合的产物,将不同功能的系统通过计算机网络将系统之间的信息加以传递或共享,在计算机应用平台上实现综合性的管理,体现着边缘性学科的特点。为了有效地实现集成,不能在各种设备已经既成事实的情况下再考虑如何集成,而是通过科学的规划,在各系统进行方案设计、选型的时候就充分考虑进一步集成的要求,这样可以保证系统集成以最简单、最可靠的方式实现。

本酒店楼宇自控方案采用 Honeywell 公司的 EBI(Enterprise Building Integrator 企业化建筑集成管理系统)作为建筑集成管理系统的平台,并在此基础上,根据酒店的工程特点和运行要求,进一步实现 IBMS(Intelligent Building Management System,智能建筑管理系统)的功能。

本系统是客户机/服务器体系。数据库服务器运行一个高效的实时数据库,并将数据传送到由系统连接或靠网络连接客户机,如工作点或输入其他相关应用系统,如电子表格或关系数据库。客户可通过冗余数据库服务器及后备网络,增强系统的可靠性、稳定性、安全性。在中央控制室内,可以定义各个工作站的功能,如楼宇自控系统工作站、消防报警系统工作站、安全防范系统工作站等。不同系统工作站的物理位置可以是不唯一的,其表现的功能通过进入系统的操作员的权限来决定。在系统配置时,将各系统集成到统一的局域网平台上(10 M/100 M),通过统一的传输协议(TCP/IP)、统一的操作环境(Windows)、统一的数据库(SQL Server)管理。

楼宇设备自控系统工作站直接挂在系统的局域网上,Honeywell 的 DDC 控制器通过 C-BUS 连接到建筑自动化管理系统的服务器上,综合监控建筑物的冷热水系统、空调及通风系统、电梯系统、给排水系统等各子系统。

图 5-1-8　Excel50 控制器

1.DDC 控制器

本酒店楼宇自控系统采用 35 台 Honeywell 的 Excel50DDC控制器,如图 5-1-8 所示。Excel50 控制器备有 8 个模拟输入(可用 10VDC 辅助输出配置成数字输入)、4 个模拟输出、4 个数字输入(其中 3 个可用作累加器)、6 个数字输出(可配置成浮点输出)。数字输出可直接驱动 3 位执行器(达到最大载荷)。各 I/O 点的特点见表 5-1-14。

表 5-1-14　Excel50DDC 控制器 I/O 点类型

I/O 类型	特　点
8 个 模拟输入 （通用）	电压:0~10 V(用软件控制开关,具有高输入阻抗) 电流:0~20 mA(通过外部 499 Ω 电阻器) 分辨率:10 比特 传感器:NTC 20 kΩ,−50~+150 ℃

续表

I/O 类型	特　点
4 个数字输入	电压:最大 DC 24 V(≤2.5 V=0 逻辑状态) (≥5 V=1 逻辑状态)0~0.4 Hz (当用作累加器时,对于 4 个输入中的 3 个为 0~15 Hz 第四个输入只用于满足静态参数要求)
4 个模拟输出(通用)	电压:0~10 V,最大 11 V,±1 mA 分辨率:8 比特 继电器:通过 MCE3 或 MCD3
6 个数字输出	电压:DC 24 V,三态可控硅输出 电流:最大为 0.8 A,6 个输出之和最大 2.4 A

接线时,可以用控制器箱体上的接线端子与控制器连接,也可以用同一控制盘内 DIN 导轨接线端子连接控制器。在两种情况下都可以进行预先布线,无须重新布线即可更换控制器。所有输入和输出都受到 24 VAC~35 VDC 的过电压保护。数字输出由可更换的熔断器进行短路保护(内置式熔断器,5×20 mm,4 A 快速熔断)。

Excel50DDC 控制器有 8 个功能键,4 个快捷键。配有 1 个 LCD 显示器,可同时显示 4 行,每行 16 个字符,对比度可调节,屏幕采用背光。工作时,要从外部变压器上提供 24 VAC,±20%,50 Hz,电流 3 A(如果数字输出电流≤1.5 A 则为 2 A)的电源。如果发生电源故障,超级金电容器可保存 RAM 内容和实时时钟长达 72 h(因此,不需要电池支持)。

2.风机盘管温控器

采用 Honeywell 的 T6373 恒温器,如图 5-1-9 所示。该恒温器可应用于控制阀门,或者管风机中的阀门和风门。恒温器可控制一个风机与阀门的开/关,以控制所需要的温度,风机也可以由恒温器控制。在有些情况下,可以连续转动,或随恒温器循环运转。恒温器的感温元件是由两片缘焊接在一起的圆形弹性金属膜片组成。内部密封的气/液两相混合物的压力随环境温度变化而变化,引起膜片盒的膨胀和收缩,带动触点开关来控制加热或制冷回路。

恒温器备有一个手动三速风机开关和一个系统总开关。有些型号的恒温器有冷热转换开关的功能。冷热转换开关功能是通过操作恒温器面板上的冷热开关来完成。对于有些型号,这个功能是通过使用风机盘管送水管道上的恒温器自动转换来实现的。

所有开关均为拨动开关,以易于操作。ON/OFF 开关是一个系统启停开关,以切断、接通恒温器电源。三速风机开关:低速、中速、高速。HEAT/COOL 开关为冷热选择开关,在一个双管制风机盘管中,只有一个风机和冷热水阀(择其一)接通电源。

3.温度控制器

新风机组一般采用 Honeywell 的 TB7980A1006 温度控制器,如图 5-1-10 所示。该温控器带有 4 种模式,两种模式采用浮点控制,两种采用模拟控制。远程传感器,您可以把温度传感器安装在您需要的位置。

图 5-1-9　T6373 恒温器

图 5-1-10　TB7980A1006 温控器

　　双风机机组多采用 T9275 系列温度控制器,如图 5-1-11 所示。该温控器设计紧凑,尺寸小巧,外形别致。温控器以比例积分控制技术为基础,提供友好的人机界面,常用的输入输出信号使得控制更加精确,模拟输出手动可调,使安装调试更为方便,模拟输入 2~10 V 或 4~20 mA可调。零能量带,ON/OFF 偏差,温度补偿可调,备有背光的液晶显示屏可同时显示设定值和当前值。安装方式有墙装、嵌板安装、标准 DIN 导轨安装等。

图 5-1-11　T9275 温控器

　　4.温度传感器

　　(1)房间温度传感器

　　本酒店房间温度测量采用 T7560 温度传感器,如图 5-1-12 所示。该传感器为 3 位风机开关型,其设定值调节工作范围为−20~+50 ℃。

　　(2)浸入式温度传感器

　　在热源系统中,需要监测水温度,本项目采用 WPF20 温度传感器采集加热供水温度,从而自动控制锅炉,如图 5-1-13 所示。

　　(3)风管式温度传感器

　　本酒店项目采用 LF20 风管式温度传感器监测风管中空气的温度,如图 5-1-14 所示。

　　(4)室外温度传感器

　　DAF20 室外温度传感器用于季节控制,探测室外温度,如图 5-1-15 所示。

图 5-1-12 T7560 温度传感器

图 5-1-13 WPF20 温度传感器

图 5-1-14 LF20 风管式温度传感器

图 5-1-15 DAF20 室外温度传感器

5.压力传感器

(1)压差变送器

在风管中过滤器两端需要测量压力,并进行比较,计算出压差。本项目采用 DPT 压差变送器完成此项任务,如图 5-1-16 所示。

(2)压力传感器

在制冷系统中,需要测量水流压力,本系统采用 P7620A 工业用压力传感器,如图 5-1-17 所示。压力传感器输出信号可通过传感桥转化为标准化的电信号。电路板安装在坚固的不锈钢外壳中,不但可抵御恶劣和极端环境条件,还可大大降低噪声。

图 5-1-16 DPT 压差变送器

6.流量计

本自控系统采用 WFS-1001-H 水流开关来监测水流流量,如图 5-1-18 所示。该传感器性能优异、精度高、稳定可靠,可安装在水管和对铜无腐蚀性液体中,当液体流量达到整定速率时,可不到整定点,其一个回路关闭,另一个回路打开,典型应用于连锁作用或断流保护的场所。可以水平或垂直安装在管道中,需保持两边 5 倍的管道直径的均流管道(注:流量开关不能遭水击,如在流量开关下游装有快速闭合阀,必须使用节流器)。

图 5-1-17　P7620A 压力传感器

图 5-1-18　WFS-1001-H 水流开关

7.电动阀

风机盘管中安装有电动阀,以控制水流动速度。本系统采用 V4043 风机盘管电动阀(二通阀),如图 5-1-19 所示。由一个电动执行器和阀门组成,可以在断电的时候,利用手动开启操作阀门,阀门在电力恢复的时候自动复位,只卸下一个螺丝钉就可以取下电机,无须干扰阀体或者排水系统,整个能量执行头可以被移动或取换而不破坏线形连接或者排水系统。

8.阀门执行器

本系统采用 ML6420 非弹簧复位电动阀门执行器,如图 5-1-20 所示,来控制电动阀的通断。ML6420 执行器是浮点执行器,适用于 Honeywell 暖通空调领域的阀门。安装方便快速,无需独立连杆,采用同步电机,带手动操作。

图 5-1-19　V4043 风机盘管电动阀

图 5-1-20　ML6420 非弹簧复位
电动阀门执行器

9.压差控制阀

本系统安装有自动压差控制阀（采用 Honeywell 的 DPCV 自动压差控制阀），如图 5-1-21 所示。控制阀能根据系统供回水管压差的变化而自动变化阻力系数，适用于变流量系统，可控制供、回水管压差恒定，控制范围 0.2～0.9 bar。DPCV 必须安装在回水管上，同时注意安装时的水流方向，供水管的压力通过 8 mm 的铜管导压管获得。

该控制阀采用双导向笼式调节阀，等百分比调节，实现自动压差控制。阀内的工作膜片上下两端分别感应高压端的压力和低压端的压力，高低压端的压力均通过导压管导入。内外套筒的位置由膜片上下两端的压差决定，当膜片感应的压力差变化时，套筒的位置相应发生变化，直到达到新的平衡。

图 5-1-21　DPCV 自动压差控制阀

四、任务总结

①建筑设备监控系统是酒店智能化系统的重要部分，本次任务较复杂，建议利用 16 个课时完成。

②建议分组实施任务，3～4 人为一组，共同完成本项目。

③项目任务完成后，要进行任务成果分享。每一组都要讲解其实施过程、完成结果，由教师进行点评。

④任务结束后，学生要完成相应的实训报告书。

思考与练习

1.简述建筑设备监控系统的组成。

2.上网进行资料检索，简述建筑设备监控系统（楼宇自控系统）主要产品品牌。

3.简述空调系统的自动控制流程。

4.将文中各功能点表中 4 种类型的 I/O 点数分别相加，检验是否与图 5-1-4 中 I/O 点总数量相同。

5.上网进行资料检索，简述建筑设备监控系统（BA 系统）相关的国家标准，写出各标准的编号及名称。

项目六
楼宇智能化系统施工方案的设计

工程组织实施是楼宇智能化系统建设成败的关键,在项目开展前制订出一个切实可行的方案,实现高质量的安全生产,才能向用户提供一个符合现在需求的质量优良的系统,更应为未来的维护和升级提供最大的便利,同时要做到尽量节约资金。

楼宇智能化系统工程实施是一个综合性很强的协调管理工作,其核心是行之有效的管理,如图6-0-1所示。项目施工管理工作主要包括工程的资格管理(单位资质、人员资格、工具合格)、设备材料的管理(材料审批、验收制度、仓库管理)、施工的进度管理(进度计划、进度执行)、施工的质量管理(验收制度、成品保护)、施工的安全管理、施工的界面管理、施工的组织管理、工程的文档管理等。在项目实施过程中,一方面需要与建设单位、各个专业施工单位进行协调,另一方面还要制订出最佳的工程进度计划,控制进度、监督质量、搞好安全生产。在不同的工程阶段下进行人力、财力、物力资源的调配,设计、施工、服务环节的进度监管、质量监管、安全监管,以及对遵守国家法律法规的管理。

工程的技术管理贯穿整个工程施工的全过程,如图6-0-2所示。需要富有经验的专业技术工程师参加工程的技术督导。执行和贯彻国家、行业的技术标准及规范,严格按照楼宇智能化系统工程设计的要求施工。在提供设备、线材规格、安装要求、对线记录、调试工艺、验收标准等一系列方面进行技术监督和行之有效的管理。其管理内容主要包括技术标准和规范的管理、安装工艺的指导与管理、调试作业与管理等。

工程质量管理是对各项工地工作的综合反映,在实际施工中做好以下几个质量环节,确实做好质量控制、质量检验和质量评定:

①施工图的规范化和制图的质量标准。

②管线施工的质量要求和监督。

③配线的质量要求和监督。

④配线施工的质量要求和监督。

⑤调试大纲的审核、实施及质量监督。

⑥系统运行时的参数统计和质量分析。

⑦系统验收的步骤和方法。

⑧系统验收的质量标准。

⑨系统操作与运行管理的规范要求。

⑩系统的保养和维修的规范和要求。

184

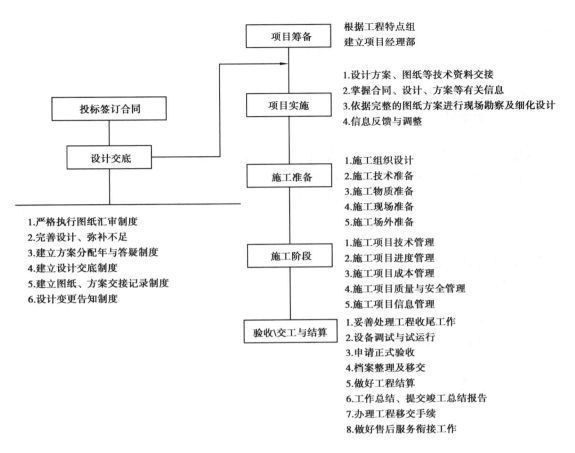

图 6-0-1 项目管理流程

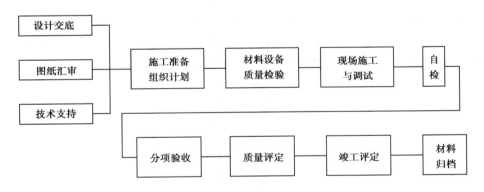

图 6-0-2 技术管理流程

⑪年检的记录和系统运行总结。

安全生产管理是工程保质保量、如期完工所必不可少的,在实际施工中要做好进入工地的人员安全、仓储设备的安全保管、安装设备的成品保护等安全生产环节,确实作好安全生产控制。

185

任务一　施工组织架构设计

教学目标

终极目标:学生能独自设计楼宇智能化系统施工组织架构。

促成目标:1.能画出楼宇智能化系统施工组织架构框图。

　　　　　2.掌握项目施工现场人员配置要求各施工人员的岗位职责。

　　　　　3.熟悉项目各施工人员的岗位职责。

工作任务

1.参观楼宇智能化系统施工现场。

2.画出所参观的施工现场组织架构图。

3.了解施工现场各施工人员的工作内容。

相关知识

一、施工组织架构

根据业主对工程进度质量和服务的要求,结合工程项目特点和管理目标,派遣项目经理以及系统安装工程师设立楼宇智能化系统工程项目部,以便与业主、监理、设计以及施工相关专业单位的协调、沟通。该项目部对施工全过程的安全、质量、进度、技术、服务全权负责,及时处理现场与工程相关的事务。项目部组织架构如图 6-1-1 所示。

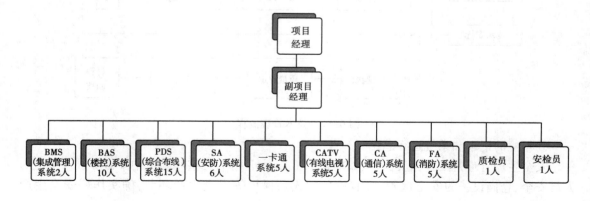

图 6-1-1　组织架构

二、施工人员职责

(一)项目经理的职责

负责整个项目的日常管理与资源调配,推进项目的进行,解决各种紧急事件。应由最精干、具有丰富工程经验的、组织实施过大型集成系统工程的高级工程管理人员担任。采用项目经理负责制,有绝对权利可以调配本工程现场人力、物力、财力、合伙施工队和优先使用公司其他工程范畴的资源,保证工程保质保量按时完成。

项目经理具体职责是:

①前期准备阶段:分析工程现实,编制具体的工程预算案提交上级部门,审核批准后执行,提交进货计划表、人力资源计划及施工进度计划表,向现场管理、施工技术人员和工程队下发任务职责书,并组织培训和项目交底,确立项目奖惩办法;组建现场工地办公室和相关管理程序及技术档案体系。

②施工设计阶段:配合甲方组织楼宇智能化系统方案设计审查会;遵守国家有关设计规程、规范;主持制订系统施工设计方案,制订专业施工设计资料交付文件格式,配合甲方组织系统施工设计图会审,审查管线图和安装图。

③施工阶段:配合甲方组织楼宇智能化系统施工协调会;制订施工工程管理制度;参加工程例会,及时处理相关事务;配合工程监理,协调施工;向甲方工程代表和指挥部提交工程月、周报和工程进度报告,申请工程进度款;管理协调施工与相关施工单位关系;紧急事件无法处理则与公司指挥部沟通,及时处理相关事务;审核施工队的施工进度,批准其相关工程进度款;执行工程预算及项目奖惩办法,签署工程月、周工地报告,检查和评估现场各部门的工作任务和业绩,召集内部工地现场例会。

④联机调试:配合甲方和工程监理,组织验收。

⑤售后服务阶段:负责售后服务的计划和措施的跟踪、落实。

(二)副项目经理职责

负责日常管理与资源调配,推进各子系统的进度,解决各种紧急事件,协助项目经理调配本系统现场人力、物力、财力、施工队,保证该系统保质保量按时完成。

副项目经理具体职责是:

①前期准备阶段:分析系统现实,编制工程预算案提交项目经理,提交该系统进货计划表、人力资源计划及施工进度计划表,并组织系统培训和项目交底;参与组建现场工地办公室和相关管理程序及技术档案体系。

②施工设计阶段:配合项目经理组织系统方案设计审查会;遵守国家有关设计规程、规范;主持制订系统施工设计方案,制订专业施工设计资料交付文件格式,配合项目经理组织系统施工设计图会审,审查管线图和安装图。

③施工阶段:配合项目经理组织楼宇智能化系统施工协调会;制订系统施工工程管理制度;参加工程例会,及时处理相关事务;配合项目经理协调系统施工;向项目经理提交工程月、周报和工程进度报告,申请工程进度款;管理协调系统施工与相关施工单位关系;紧急事件无法处理则与项目经理沟通,及时处理相关事务;审核施工队的施工进度,批准其相关工程进度款;执行工程预算及项目奖惩办法,签署工程月、周工地报告,检查和评估现场各部门的工作任务和业绩,召集内部工地现场例会。

④联机调试:配合项目经理,组织系统验收。

(三)施工人员配置及职责

从整个施工程序上来看,基本上分为5个阶段:系统深化设计、隐蔽工程施工及验收、线路敷设、设备安装与配线、调试开通。要求在各个施工过程中,根据土建、水电、暖通、空调等相关专业的进展情况,合理安排劳力和技术力量的配置,做到相对固定又灵活调配,在保证工程质量和工期的前提下,要尽量做到统一,避免重复作业,力争一次性施工、周密计划、节约用工。

一般来说,楼宇智能化工程施工现场人员配置如下:

系统工程师:每个系统配置1人,任务是完成系统深化设计、指导设备安装与配线、完成系统组态、进行系统调试运行开通、组织人员培训等。

施工工长:每个系统配置1人,任务是完成预留管槽的验收、隐蔽工程施工及验收、设备安装与配线、协助系统调试运行开通等,由资深施工人员担任,负责具体的施工带队工作。

施工员:负责系统布线、拉线、线缆端接及设备安装等工作,向系统施工工长报告。

BMS(楼宇集成管理)系统配置两人。

BAS(楼控)系统配置10人。

PDS(综合布线)系统配置15人。

SA(安防)系统配置6人。

一卡通系统配置5人。

CATV(有线电视)系统配置5人。

CA(通信)系统配置5人。

FA(火灾自动报警及消防联动)系统配置5人。

质检员:配置1人,任务是验收预留管槽、确认施工工具的合格、组织验收隐蔽工程、检查设备安装与配线、监督系统调试运行开通等,属于质量安全生产组成员。

安检员:配置1人,任务是进场人员安全检查与管理、仓储材料设备的安全监督、现场安装设备的成品保护监督等,属于质量安全生产组成员。

人力资源计划是不断随着工程情况的进展和变化而改变的,项目部进入现场后必须对人力资源计划有前瞻性,提前向项目指挥部提出计划,由项目指挥部统一调配。

 任务实施

一、任务提出

参观楼宇智能化系统施工现场,写出针对参观项目的分析报告。

二、任务目标

①熟悉楼宇智能化系统现场施工组织的运作流程。
②了解楼宇智能化系统施工项目部架构及岗位设置。
③了解楼宇智能化系统施工人员的技能及素养要求。

三、实施步骤

①由教师提前与合作楼宇智能化系统施工公司负责人联系,确定参观时间。

②由项目现场负责人介绍项目部架构及岗位设置。

③由各系统工程师介绍施工人员所必备的技能和素养要求。

④将学生分组,跟随各系统工程师,前往各系统施工现场进行跟踪学习。

⑤全体学生集中,与项目负责人交流,讨论参观感想。

四、任务总结

书写参观报告,画出该项目部的组织架构图。利用两个课时的时间,讨论参观感想。

 思考与练习

1.简述如图 6-1-1 所示的组织架构类型(自学项目组织管理知识)。

2.简述楼宇智能化系统施工人员所应具备的基本技能。

3.扮演不同角色,模拟演练智能化系统施工现场各岗位的工作,每个角色写下自己的工作职责。

任务二 施工过程控制设计

 教学目标

终极目标:学生能独自设计楼宇智能化系统施工进度计划、质量控制措施等过程控制文件。

促成目标:1.能画出楼宇智能化系统施工流程图。

2.能制订楼宇智能化系统施工进度甘特图。

3.会撰写楼宇智能化系统施工质量保证措施。

 工作任务

1.参观楼宇智能化系统施工项目经理部。

2.查看学习该项目部施工过程控制文件(进度计划表、施工图纸、质量保障措施等)。

3.熟悉楼宇智能化系统施工现场安全要求。

 相关知识

一、工程施工图设计

(一)工程深化设计

在工程前期,首先应做好工程施工图的设计工作。工程图设计是将《系统初步设计和实施方案》中的软硬件配置、系统功能要求作细致全面的技术分析和工程参数计算,取得确切的技术数据以后,再绘制在施工平面安装图上。

①施工图。施工现场图纸主要包括以下内容:

a.系统原理图。

b.工艺流程控制原理图。

c.设备平面布置与管线走向图。

d.盘柜接线原理图。

e.现场设备安装原理图。

f.程序流程图。

每套图纸都应包含图纸目录、工程全称、图纸名称、图号、规格、页数、设计阶段、日期等信息。

②设计说明材料。主要包括以下内容:

a.设计说明书。

b.工程点位表。

c.产品使用说明书。

设计说明材料是设计依据,应遵循相关规范。

③材料表。主要是告知材料名称、型号规格,以及数量等信息,主要包括:

a.设备表。

b.材料表。

工程的深化设计好与坏是取得一个优良工程的前提。通过与建设单位、设计单位的沟通,对用户需求进行分析,理解设计单位的设计思想、了解用户的实际需求,才能做出用户满意的深化设计方案。在楼宇智能化系统工程设计中,坚决执行和贯彻国家、行业的技术标准及规范,遵照标书的要求进行深化设计,包括技术标准和规范的建档、系统设计说明文档、系统设计图纸、系统施工图纸、系统软件设计与组态文档等。

(二)设计图纸会审

图纸会审流程如下:

①向各个专业的系统工程师下达设计任务计划书,明确设计内容、范围、工期。

②系统工程师核对设计院图纸与设备材料清单,定期提交设计报告,如期提交设计说明书、系统设计图纸、工程施工图纸、系统组态文件。

③总工程师定期检查系统工程师的设计报告,协助系统工程师解决在设计过程中发现的各种问题,确保深化设计作业如期完成。如有必要,可以通过项目经理与建设单位、设计单位进行沟通,保障设计方案满足用户需求。

④总工程师对设计说明书、系统设计图纸、工程施工图纸、系统组态文件等进行会审,最终确认满足标书与合同要求后,上报项目指挥部。

⑤技术总监经过审查,确认可行并且同意后,返还给项目经理。项目经理将全套的设计资料提交甲方。甲方对设计内容进行评审,最终同意后,通知楼宇智能化系统总包单位。智能化系统总包单位根据已经通过的设计方案展开下一步的工作。

二、施工过程策划

项目要调配好施工步骤,确立重点,采取对策。在施工过程中,尤其要注意施工的调度,加强与设计院、甲方和二装的配合,以确保整个系统在不影响正常工作的前提下如期开通运行。

（一）勘察现场

根据土建专业提供的图纸,实地勘测现场,以建筑物各分层的建筑平面图纸为施工平面图纸的基础,在施工平面图上会标明现场主控制器、辅助控制器、读头、按键、电控锁以及各个设备的安装位置,标注线路走向、引入线方向以及安装配线方式(预埋、线槽、桥架等)。

（二）施工准备

①施工设计图纸的会审和技术交底,由总工程师组织,各个系统技术人员参加;由系统技术人员根据工程进度提出施工用料计划、施工机具的配备计划,同时结算施工劳动力的配备,做好施工班组的安全、消防、技术交底和培训工作。

②了解主体结构,熟悉结构和装修预埋图纸,校清管线预埋位置尺寸,以及有关施工操作、工艺、规程、标准的规定及施工验收规范要求;随结构、装修工程的现实,做好管线安装和线槽敷设的修补工作,做到不错、不漏、不堵,当分段隐蔽工程完成后,应要求甲方及时验收并及时办理隐检签字手续。

③设备安装、电缆敷设工作面的检查。由质量安全生产部门组织技术部门参加,严格按照施工图纸文件要求和有关规范规定的标准对设备及线路等进行验收。

④到货开箱检查。首先由现场项目经理部组织,技术和质量部门参加,将已到施工现场的设备、材料作直观上的外观检查,保证无外伤损坏、无缺件,清点备件,核对设备、材料、电缆、电线、备件的型号规格、数量是否符合施工设计文件以及清单的要求,并及时如实填写开箱检查报告。

⑤定位安装。根据设计图纸,复测其具体位置和尺寸再进行就位安装和敷设。

⑥系统编程、调试。在设备安装、配线完毕后,开始按照系统功能设计进行编程,并调试软件。

⑦验收检测标定。由质量部门组织生产、技术部门参加,对施工工艺整个范围内的设备进行全面的检测和评定工作。

⑧开通使用。在经甲方验收检测评定及验收后的基础上,根据甲方提出并签订临时交付甲方维护管理后可投入正式使用,并及时办理双方签字手续,乙方则根据合同条款履行定期的保修约定事项。

⑨做到无施工方案(或简要施工方案)不施工,有方案没交底不施工,班组上岗前没完全不施工,施工班组要认真做好完全上岗交底活动及记录,每周一上午要组织不少于1 h的安全活动。严格执行操作规程,不得违章作业,对违章作业的指令有权拒绝并有责任制止他人违章作业。

⑩进入施工现场必须严格遵守安全生产六大纪律,严格执行安全生产规程。施工作业时必须正确穿戴个人防护用品,进入施工现场必须戴安全帽。不许私自用火,严禁酒后操作。

⑪从事高空作业人员要定时体检。凡患有高血压、心脏病、贫血症、癫痫病以及不适于高空作业的人,不得从事高空作业。

⑫脚手架搭设要有严格的交底和验收制度,未经验收的不得使用,各种竹木梯必须有防滑措施,施工时严禁擅自拆除各种安全措施,对施工有影响而非拆除不可时,要得到有关负责人同意,并采取加固措施。在高空、钢筋、结构上作业时,一定要穿防滑鞋。

⑬严格安全用电制度,遵守《施工现场临时用电安全技术规范》(JGJ 46—2005),临时用电要布局合理,严禁乱拉乱接,潮湿处、地下室及管道竖井内施工应采用低压照明。现场用电,

一定要有专人管理,同时设专用配电箱,严禁乱接乱拉,采取用电挂牌制度,杜绝违章作业,防止人身、线路、设备事故的发生。垂直运输的各种材料、机具一定要捆固、安全可靠。

(三)施工进度计划编制

智能化项目的施工工期是建筑工程的分部工期之一,必须配合土建、安装与装修的工期,必须根据总体进度的变化进行控制和调整。

由于智能化工程施工的特殊性和它的技术要求,基础设施施工如桥架、管、线与土建、装修、机电安装各专业施工同时进行,该阶段施工必须主动积极配合好其他各专业施工,为下一步的施工打下良好的基础。其他设备的安装是在土建施工完毕、机电其他各专业施工接近尾声、精装修工程基本完成,主要施工人员撤离施工场地的情况下进行施工,因此不仅要认真检查所具备的施工面,尤其要注意对各专业的成品保护。

由于预埋管、线和桥架施工是智能化项目的施工基础设施,是各弱电系统进行施工的保证条件。因此为确保施工工期的按期完成,甲方应对桥架施工的工期进行严格的规定并加以控制,为下一步各弱电系统全面施工创造条件。

智能化项目的进度控制内容主要包括以下几个方面:

①做好施工进度计划(用甘特图表示,表6-2-1—表6-2-3),实行动态控制。认真研究工程总体进度计划和分部工期计划,做好弱电项目施工的计划控制和调整。对工程中进度发生的变化及时比较,出现偏差时应及时调整人力、物力、财力等资源;及时与相关工种进行协调和配合。

②认真分析影响施工进度的因素及预见可能发生的变化,掌握进度控制的主动权。

③做好项目进度计划的实施工作。贯彻项目施工进度计划的实施,制订和检查各个层次和分项的计划及实施情况,形成严密的计划体系,层层下达任务书,计划全面交底和落实。除总计划外,还必须编制月(旬)计划,做好施工记录,填好施工进度计划统计表,做好施工进度控制工作。

认真做好进度计划的检查工作,对施工实际进度进行跟踪,整理统计检查数据,进行实际进度和计划的对比,进行动态调整。

认真编制计划检查和控制报告。

表6-2-1　楼宇智能化系统施工总计划表

×××施工进度计划表(总施工进度表)

序号	时间 项目内容	5天	依土建施工进度暂定15天	50天	15天	5天	24个月
1	图纸设计	▭					
2	管线敷设		▭				
3	设备安装调试			▭			
4	弱电系统总调试				▭		
5	弱电系统总验收					▭	
6	售后服务						▭

注:本进度依实际情况作相应调整。

表 6-2-2　管线敷设施工计划表
×××施工进度计划表（管线敷设）

序号	智能化各子系统	土建项目进度／项目内容	楼体框架	楼体砌墙	楼体粉刷	楼体围墙	大楼进出口	楼体电缆沟	中心机房
1	综合布线系统	线缆敷设			▬▬			▮	
2	会议系统	线缆敷设			▬▬				
3	一卡通门禁管理系统	线缆敷设			▬▬			▮	
4	大屏幕系统	线缆敷设			▬▬				

注：1. 本进度配合土建施工进度进行，如在楼体砌墙期间，综合布线系统应配合进行预埋管道。

　　2. 本进度依实际情况作相应调整。

表 6-2-3　设备安装调试计划表
×××施工进度计划表（设备安装调试）

序号	施工条件	智能化各子系统	时间／项目内容	天　数 1 3 5 7 9 11 13 15 17 19 21 23 25 27 29 31 33 35 37 39 41 43 45 47 49 51
1	楼内土建完成后	综合布线系统	设备安装	
			设备调试	
2	楼内土建完成后	一卡通系统	设备安装	
			设备调试	
3	会议室装修后	会议系统	设备安装	
			设备调试	
4	楼内土建完成后	大屏幕系统安装	设备安装	
			设备调试	
5	其他各子系统完成后	中心机房系统	设备安装	
			设备调试	

注：1. 设备调试包括软件调试。

　　2. 各子系统设备安装、调试天数是指单套设备安装调试天数。

　　3. 各子系统设备调试的施工条件除以上条件外，还应在管理中心土建完成后进行。

　　4. 本进度根据实际情况作相应调整。

　　进度计划不是不变的，当其他工程计划发生改变时，智能化工程的基准计划将作出相应的调整，也就是说施工过程中需要不断地沟通和协调；根据进度的需要，合理安排人力资源和物力投入，并在实施过程中不断地进行进度的动态管理，以防止进度发生偏差，而影响整个工程的工期，其中工程的协调与合作是施工协调的关键。

（四）施工协调配合

　　为了保证建设周期，项目工程施工与土建工程、装修工程在时间进度上会有良好的配合。

楼宇智能化系统是建筑的"软件"部分,为了保证系统在施工过程中有条不紊地按一定顺序衔接进行下去,其中有一定的规律,必须加以注意和遵循。

1)工程安装前期的3个环节

(1)系统施工图的会审

图纸会审是一项极其严肃和重要的技术工作。认真做好图纸会审工作,对于减少施工图中的差错,保证和提高工程质量有重要的作用。在图纸会审前,项目组要向建设单位索取施工图,项目经理部的总工程师与各个系统工程师首先认真阅读施工图,熟悉图纸的内容和要求,把疑难问题整理出来,把图纸中存在的问题等记录下来,在设计交底和图纸会审时解决。

图纸会审,建议由建设单位组织和领导,分别由设计单位、监理公司、弱电承包单位、机电安装单位参加,有步骤地进行,并按照工程的性质、图纸内容等分别组织会审工作。会审结果应形成纪要,由设计、建设、弱电总包、施工四方共同签字,并分发下去,作为施工图的补充技术文件。

(2)系统施工工期的时间表

该时间表的主要时间段内容包括:系统设计、设备购买、管线施工、设备验收、设备安装、系统调试、培训和系统验收等,同时工程施工界面协调和确认应形成纪要或界面协调文件。

(3)系统工程施工技术交底

技术交底包括智能化系统工程总包方、工程安装承包商、各系统承包商和机电设备供应及安装商,监理公司、工程安装承包商内部负责施工专业工程师与工程项目技术主管(工程项目工程师)的技术交底工作,它们应分级分层次进行。

2)弱电工程施工中的6个阶段

(1)系统预留孔洞和预埋线管与土建工程配合

在建筑土建初期的地下层工程中,牵涉系统线槽孔洞的预留和消防、安防等系统线管理的预埋,因此在处理建筑物地下部分的"挖坑"阶段,要配合建筑设计院完善该建筑物地下层、主楼部分的孔洞预留和线管预埋的施工图补充设计,以确保土建工程顺利竣工。

(2)线槽架的施工与土建工程、各楼宇智能化系统等的配合

系统线槽架的安装施工,在土建工程基本结束以后,并与其他管理道(风管、给排水管)的安装同步进行,也可稍迟于管道安装一段时间(约15个工作日),但必须在设计上解决好楼宇智能化系统线槽架与管道在位置上的合理安置和配合。

(3)中控室外布置与土建和装饰工程的配合

中央监控室的装饰应与整体的装饰工程同步,在中央监控室基本装饰完毕前,应将中控台、服务器/监控计算机定位。特别注意中控室及配线间的门锁一定要装好。

(4)系统设备的定位、安装、接线端连线

楼宇智能化系统现场安装设备的定位、安装、接线端连线,应与装修工程密切配合。

(5)系统的调试

楼宇智能化系统的调试,基本上在设备安装完毕后即进行。整个楼宇智能化系统的调试周期,大约需要30 d。

(6)系统的验收

系统的验收,建议应建立在各个系统分别调试成功以后,演示相应的功能及性能测试合格

后,方可进行系统验收。并在整个系统验收文件完成,以及系统正常运行 1 个月以后,组织竣工结算。

3)线管预埋和线槽架设与土建工程配合

线管的预埋和线槽与桥架的敷设需要与土建工程同步进行,因此系统施工图的设计在这一方面要先行一步,在进行预留孔洞和预埋线管施工图设计时,应充分考虑线路和设备容量应能满足今后发展的最大需要量,同时应与建筑设计院、施工单位、建设单位密切配合,充分了解土建的具体情况,以便合理解决暗管设中的施工问题,充分了解其他风、水管道的分布、位置和技术与工艺要求,以免与这些管道发生布置上的矛盾。预埋暗管应尽量避免穿越建筑物的沉降、促缩缝,如果必须穿越沉降或伸缩缝时,线管应作相应的处理。预埋暗管一般采用电线管或聚氯乙烯管,在易受重压的地段和电磁干扰影响的场所应采用钢管并有良好的接地。

（五）设备材料进场

①在订购设备前,由项目经理部施工总管向甲方提供产品说明书,部分商品按照甲方要求提供样品,申请甲方审核。

②经过甲方审核确认后,向设备供应商发出订单,预计商品到货时间。

③在商品到达工地前,向甲方申请安排相关人员组织到货验收。

④在订购材料前,由项目经理部施工总管向甲方提供材料样品,进行样品检验,申请甲方审核。

⑤经过甲方审核确认后,向材料供应商发出订单,预计商品到货时间。

⑥在材料到达工地前,向甲方申请安排相关人员组织到货验收。

⑦在现场设立专业分工形式的仓库。

⑧进场设备材料经过登记注册后分门别类进行存放。

⑨出库材料设备需要填写出库单据,提交设备材料安装工位作为备案,现场仓库隶属于后勤保障部。

三、施工质量保证

（一）质量保证组织措施

坚持"质量第一,用户至上"的基本原则,确保本工程质量达到优良,常用的质量控制方法如图 6-2-1 所示。在工程实施的全过程进行严格的质量监控和开展施工项目的"QC"活动,质量检查监督机构深入现场,使工作质量始终处于有效的监督和控制状态。

建立由施工班组、施工员、质检员、项目经理组成的工地质量管理体系,做好宣传教育工作,树立质量第一的观念,提高职业道德水平,开展专业技术培训,特殊工种人员需持证上岗,遵守岗位职责,以工作质量保工序质量,促工程质量。采用企业拥有的现代化装备、新技术、新工艺保证工程质量。

（二）材料质量保证

对工程所需材料的质量进行严格的检查和控制,控制流程如图 6-2-2 所示。材料选择必须按施工图纸和材料明细表所列材料要求标准选择材料,根据甲方要求提供材料样板,待甲方确认后才进行采购。

材料到达工地后要申请甲方安排相关人员组织验收。所有进场材料必须有产品合格证或

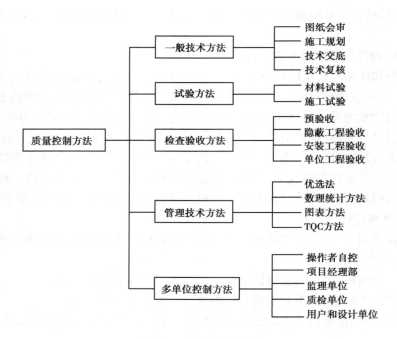

图 6-2-1　质量控制方法

质量证明,对设备进行开箱检查和验收。已经验收的材料按照规定的要求进行仓储,根据不同的工艺特点和技术要求,正确使用、管理和保养好机械设备,健全各项机具管理制度,确保施工机具处于良好的使用状态。

1)到达现场的半成品保护措施

①落实一个适当、安全、方便的堆放场所,按照产品外包装的说明要求堆放。为了加强工程的产品保护及现场防盗,在工程进行镶接安装阶段应由贵方聘用专职保安人员负责保卫工作。

②根据工程实际进度控制产品的进场时间,制订产品到场后的保管收发制度。施工用各种工具、机具及时回收,以防被盗。

③对较大型产品的水平搬运和垂直运输工作,编制一个妥善的搬运方案(根据产品外形及体积按实编制)。

④电器产品在下班时如未安装好,由施工班组及时带回,避免失窃。

⑤施工班组对已安装的设备等负有维护保管的责任,如由于施工原因造成损坏应予以赔偿(已交付业主的除外)。

2)安装到位的成品保护措施

①施工人员要树立起产品保护的强烈意识,制订严格的奖罚制度。

②现场在具备产品安装条件的基础上,按进度要求进行施工,这对产品安装到位后的质量有一定的保证。

③安装到位的产品在未调试前,产品表面要覆盖一层保护板或保护膜,把外因碰坏的隐患减少到最小。

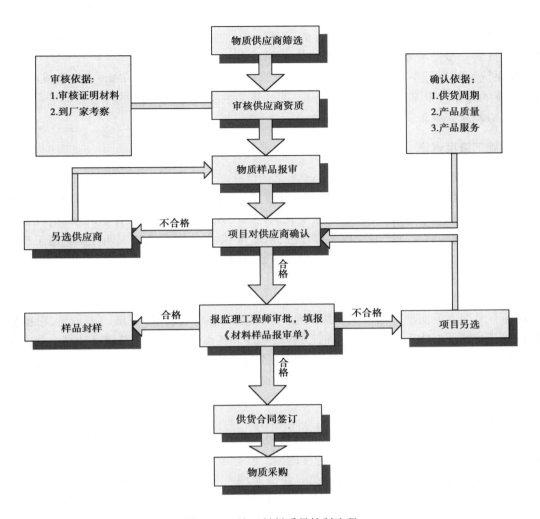

图 6-2-2　施工材料质量控制流程

④结合楼宇智能化系统本身要求,做好产品的安装先后次序。完成的区域交接由业主签字,实行房间钥匙交接制度。

⑤指派一名专职产品保护员(在调试安装产品期间)与总包联手做好现场产品的保护任务。

(三)施工工艺措施

精心制订施工方案和施工工艺(详细讲解见任务三)、技术措施,做到切合工程实际,解决施工难题,工法有效可行,把常见的质量通病和事故按预定的目标进行控制,将质量管理的检查变为事先控制式序及因素,达到预防为主的目的。

在组织施工前,由质量安全生产组负责组织各个系统接收土建专业提供的管槽施工,防止不合格成品流入下一道工序。

(四)系统调试验收要求

在系统调试前,组织相关专业工程师、施工工长、质检员、安检员对系统的安装配线情况、供配电环节、网络通信系统进行联合检查,确认无误后方可通电测试。

完成测试以后,按照先弱电后强电、先手动后自动、先局部后整体的原则,精心设计调试计划,按照计划一步一步完成调试项目。

在系统验收过程中,对每个环节每项功能都要进行验收。在进行 BMS 系统集成前,召集各个系统的专家与甲方进行用户需求分析,明确各个系统的任务,组织软件工程师进行精心设计,相互协调来完成最关键的内容。

四、施工进度保证

(一)施工进度的控制

一般来说,甲方在适当的时候会提出工期要求,故在施工组织设计里需要作出保证工期的安排措施。项目进度控制的目的是提前完成预定的工期。进度控制将有限的投资合理使用,在保证工程质量的前提下按时完成工程任务,以质量、效益为中心搞好工期控制。施工控制难度最大,问题最多,必须使用正确的方法和对策,进行及时有效的控制。

(1)施工进度的前期控制

工期预控制,是对工程施工进度进行控制,达到项目要求的工期目标。施工顺序要安排合理、均衡有节奏才能实现计划工期。根据合同对工期的要求、设计计算出的工程量,根据施工现场的实际情况、总体工程的要求、施工工程的顺序和特点制订出工程总进度计划。根据工程施工的总进度计划要求和施工现场的特殊情况而制订月进度计划,制订设备的采、供计划。施工现场的勘测,做好施工前的准备,为施工创造必要的施工条件,做好施工前的一切准备工作,包括人员、机具、材料、施工图纸等。

(2)施工进度的中间控制

在施工中进行进度检查、动态控制和调整,及时进行工程计量,掌握进度情况,按合同要求及时联系进行工程量的验收。对影响进度的诸因素建立相应的管理方法,进行动态控制和调整,及时发现及时处理。由于本工程许多系统同时施工,相互影响因素较多,现场作业条件和现场作业情况的变化及土建、装修现场条件的改变,相应地对施工进度作出及时调整。落实进度控制的责任,建立进度控制协调制度,有问题进行及时的协调;落实施工过程中的一切技术支持,增加同时作业的施工面,采用高效的施工方法,施工新工艺、新技术,缩短工艺间和工序间的间歇时间;对施工进度提前的、对应急工程及时地实行奖励,以及确保施工使用资金的及时到位;按合同要求及时协调有关各方面的进度,以确保工程符合进度的要求。每月要检查计划与实际进度的差异、形象进度、实物工程量与工作量指标完成情况的一致性,提交工程进度报告。当实际计划与进度计划发生差异时,分析产生的原因,提出调整方案和措施,如调整进度计划、修改设计、材料、设备、资金到位计划等,必要时调整工期目标(所有文件都要编目建档)。

(3)施工进度的后期控制

进度的后期是控制进度的关键时期,当进度不能按计划完成时,分析原因采取措施,改进工艺,实行流水立体交叉作业,增加人员,增加工作面,加强调度。工期要突破时,制订工期突破后的补救措施,调整施工计划、资金供应计划、设备材料等,组织新的协调。

(二)施工进度的管理措施

因安装工程和土建工程、机电安装和其他楼宇智能化系统是同步交叉作业的,且受装饰工程的制约,所以,合理调配资源,制订保证措施,实施有效管理对确保工期十分关键。常见的施工进度管理措施如下：

（1）实行目标管理，控制协调及时

将安装工程分层、分系统进行项目分解，确定施工进度目标，做好组织协调工作。通过落实各级人员岗位职责，定期召开工程协调会议，分析影响进度的因素，制订相应对策，经常性地对计划进行调整，确保分部分项进度目标的完成。

（2）依靠科技进步，加快施工进度

利用现代化装备，依靠广大技术人员，推广使用新技术、新材料，制订切实可行、经济有效的施工操作规程，合理安排施工顺序，加快施工进度。同时施工现场配置现代化的办公用品（计算机、传真机、打印机等），提高工作效率，减少中间环节，及时传递信息。

（3）深化承包机制，强化合同管理

一般的工程施工公司都形成了自身的承包机制，通常为公司承包、项目部承包、施工班组承包（或分包）3个层次的承包体系。在各级承包合同中，将工程进度计划目标与合同工期相协调，做到责、权、利相一致，直接与经济挂钩，奖罚分明。在工程的实施中，应用激励措施，充分调动员工的生产积极性。

（4）搞好后勤保障，做到优质服务

在甲方资金按时到位的前提下，集中力量确保重点。职能部深入现场协助、指导项目部组织实施。通过计划进度与实际进度的比较，及时调整计划，采取应急措施。注意搞好与建设单位和协作单位的关系，及时沟通信息，顾全大局，服从甲方的决策，同心同德，争取早日完成，做到进度快、投资省、质量高。

五、施工安全保证

（一）安全保证组织措施

工地的指挥机构同时负责安全生产，必须坚持全会员安全轮值制度，设安全天数记录牌，填写安全日志，坚持每周一次质安进度例会；针对施工现场的实际，有的放矢进行安全教育，利用宣传栏，配合开展安全合格班组活动，使安全管理工作有组织、有教育。

落实安全生产责任制，安全生产必须与经济责任挂钩，奖罚分明。明确各级人员的安全责任，项目经理是安全管理第一责任人。抓制度落实，抓责任落实。施工员在下达工程任务单的同时，必须作安全技术交底记录，施工过程中加强检查、监督。

实行"质量安全总监制"。项目部对总工程师、工程监理提出的安全隐患，必须迅速采取措施进行整改。严格执行"安全管理检查评分表""施工机具检查评分表""三宝"及"四口"防护评分表。坚持落实对工地的季、月、周安全检评制度。

（二）进场人员安全管理

一切进入施工现场人员，依照其从事的工作内容，分别通过学习考核，取得安全合格证，持证上岗。对新工人或复换工作岗位实行教育即专业工种培训，填写"新工人上岗安全教育""复工工人安全教育表"，存档备查。每天员工上岗前检查随身物品，上岗中进行安全生产检查，下岗前检查随身物品。

（三）消防防范措施

①在整个施工过程中，必须严格执行国家、当地市、各部委关于工程消防法规和有关条款。工地危险品库应按规定存放、使用。

②严格遵守"十不烧"规定,经常配齐、保养消防器材,做到会保养、会使用。认真贯彻逐级消防责任制,做好消防工作。

③现场设置灭火器材,装饰阶段施工时要及时办理动火证,专人监护,施工完毕后,监护人要仔细检查现场,杜绝火灾隐患。

④在冷冻机、空调、变压器、电气柜、冷却塔等重要设备附近动火施工时,要采取保护措施,派驻监护人。

⑤现场动火须征得建设单位同意,特殊者须取得公安消防部门同意后方准动火。动火时须严格遵守"八不""四要""一清"的安全动火规定,管井或预留洞口烧焊时必须覆盖湿麻袋,防止焊渣溅渗易燃物,惹起火灾。

⑥采用新技术,使用新设备、新材料,推行新工艺之前,对有关人员进行安全知识、技能、意识的全面安全教育,树立坚持安全操作的信心,养成安全操作的良好习惯。

(四)用水用电措施

施工期间的消防、生活等所需的用水均接驳于工地的建筑临时水源。机具设备及工作、生活照明所需的用电均接驳自工地的建筑临时电源。

临时动力用电约 20 kW,临时照明用电量约 10 kW。临时用电采用三相五线的供电系统,专用保护零线与大楼的防雷接地有不少于 3 处的连通。临时用电采用电缆敷设,临时配电箱应设置漏电保护开关。

(五)现场文明施工措施

①必须加强对员工的文明施工教育,每周一次的质安例会要总结,设立激励机制,与经济挂钩,实行奖罚制度。

②室内外文明施工一齐抓。与配合单位具体划分区域,专人负责,做到按施工总平面图布置。室外材料堆放整齐,无施工垃圾,室内施工不混乱,井井有条。

③搞好现场各兄弟施工单位之间的团结协作,做到互谅互让,服从甲方现场工程监理人员的监督。

④材料进场按照施工进度计划合理安排,减少二次运输。同时实行限额领料制度,杜绝乱丢乱弃的浪费现象。

⑤施工现场、工棚、休息室、办公室保持环境清洁。

⑥加强宣教工作,保护好安装成品或半成品,严厉打击盗窃行不为。

⑦结合质安评优工作,推动施工文明建设。

任务实施

一、任务提出

参观楼宇智能化系统施工现场,查看该项目施工过程控制文件,撰写参观报告。

二、任务目标

①熟悉楼宇智能化系统工程施工流程,会画该流程图。

②了解楼宇智能化系统工程施工进度制订方法,能作出进度计划甘特图。

③了解楼宇智能化系统工程施工质量保证措施,会撰写措施方案。

三、实施步骤

①由教师提前与合作楼宇智能化系统工程施工公司负责人联系,确定参观时间。

②将学生分组,由项目工程现场负责人分别带领参观各系统施工现场。

③由项目工程现场负责人带领查看该项目施工过程控制文件。

④由项目工程现场负责人讲解该项目施工进度的控制方法。

⑤全体学生集中,与项目负责人交流,讨论参观感想。

四、任务总结

书写参观报告,画出该项目施工进度甘特图。利用两个课时的时间,讨论参观感想。

 思考与练习

1.名词解释:①甘特图;②质量控制 QC;③品质保证 QA。

2.简述质量控制的常见方法。

3.简述图纸深化设计的重要性。

4.现有一间实训室需要安装照明系统、消防系统、安防系统、通信系统等,请列出该集成施工项目的施工进度计划表(甘特图)。

任务三 施工工艺设计

 教学目标

终极目标:学生能独自设计楼宇智能化各系统施工工艺流程。

促成目标:1.能画出楼宇智能化各系统施工工艺流程图。

　　　　　2.掌握楼宇智能化各系统施工工艺要求。

　　　　　3.会撰写楼宇智能化各系统施工方案。

 工作任务

1.参观楼宇智能化系统施工现场。

2.画出(抄写)各系统施工工艺流程图。

3.了解施工现场各系统施工工艺要求。

 相关知识

楼宇智能化 5A 系统安装时,均对应有不同的施工方法和工艺流程,并按照国家相关标准中的各项内容执行。对各系统施工过程进行总结,也存在共性的内容。总体来说,楼宇智能化系统主要施工工序包括管道施工、线槽安装、线缆敷设、前端设备安装、中控室控制台安装。

一、管道施工

楼宇各弱电系统连接线路均应敷设在管道内,且共用一套管道。因此,在进行系统安装之前,首先要按图纸敷设管道。管道敷设工艺流程如图 6-3-1 所示。

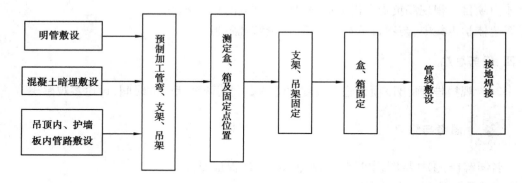

图 6-3-1 管道敷设工艺流程

管道施工要点如下:

①钢管煨弯可采用冷煨法,管径 20 mm 及其以下可采用手扳煨管器,管径 25 mm 及其以上则采用液压煨管器。

②盒箱安装应牢固平整,开孔整齐并与管径相吻合,要求一管一孔不得开长孔,铁制盒、箱严禁用电气焊开孔。

③盒箱稳注要求灰浆饱满、平整固定、坐标正确。盒箱安装要求见表 6-3-1。

表 6-3-1 盒箱安装要求

实测项目	要求	允许偏差/mm
盒箱水平、垂直位置	正确	10(砖墙),30(大模板)
盒箱 1 m 内相邻标高	一致	2
盒子固定	垂直	2
箱子固定	垂直	3
盒箱口与墙面	平齐	最大凹进深度 10

管道敷设前应检查管道是否畅通,内侧有无毛刺,并进行毛刺吹洗。明敷管道连接应采用丝扣连接或压扣式管连接;暗埋管应采用焊接;管道敷设应牢固通畅,禁止做拦腰管或拌脚管;管子进入箱盒处顺直,在箱盒内露出的长度小于 5 mm;管道应作整体接地连接,采用跨接方法连接。

二、线槽安装

线槽的安装工艺流程如图 6-3-2 所示,线槽安装要求如下:

①线槽节与节间用接头连接板拼接,螺丝应拧紧。两线槽拼接处水平度偏差不应超过 2 mm。

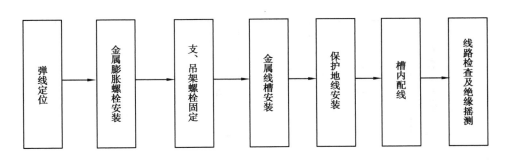

图 6-3-2 线槽安装及线缆敷设工艺流程

②转弯半径不应小于线缆的最小允许弯曲半径。

③为了防止电磁干扰,应用辫式铜带把线槽连接到其经过的设备间或各配线间的接地装置上,保持良好的电气连接。同样,线槽节与节间也要良好电气连接。

④不同种类的线缆布放在金属线槽内,应同槽分室(用金属板隔开)布放。

⑤垂直敷设的线槽必须造底架安装,水平部分用支架固定。固定支点之间的距离要根据线槽具体的负载量在 1.5~2 m,在进入接线盒、箱柜、转弯和变形缝两端及丁字接头处不大于 0.5 m。线槽固定支点间距偏差小于 50 cm。

⑥线槽与各种模块底座连接时,底座应压住槽板头。

⑦线槽两个固定点之间的接口只允许有一个,所有跨接处均装上接地铜片。

三、线缆敷设

线缆敷设的工艺流程如图 6-3-2 所示,线缆敷设要求如下:

缆线布放前应核对型号规格、程式、路由及位置与设计规定相符。在同一线槽内(包括绝缘在内)的导线截面积总和应该不超过内部截面积的 40%;缆线的布放应平直,不得产生扭绞、打圈等现象,不受到外力的挤压和损伤;缆线在布放前两端应贴有标签,以表明起始和终端位置,标签书写应清晰、端正和正确;电源线、信号电缆、对绞电缆、光缆及建筑物内其他弱电系统的缆线应分离布放。

各缆线间的最小净距应符合设计要求;缆线布放时应有冗余。在交接间、设备间对绞电缆预留度一般为 3~6 m;工作区为 0.3~0.6 m;光缆在设备端预留长度一般为 5~10 m;有特殊要求的应按设计要求预留长度;缆线布放,在牵引过程中,吊挂缆线的支点相隔间距不应大于 1.5 m;布放缆线的牵引力,应小于缆线允许张力的 80%,对光缆瞬间最大牵引力不应超过光缆允许的张力,在以牵引方式敷设光缆时,主要牵引力应加在光缆的加强芯上。

电缆桥架内缆线垂直敷设时,在缆线的上端和每间隔 1.5 m 处,应固定在桥架的支架上,水平敷设时,在缆线的首、尾、转弯及每间隔 3~5 m 处进行固定。在缆线的距离首端、尾端、转弯中心点 300~500 mm 处设置固定点;槽内缆线应顺直,尽量不交叉,缆线不应溢出线槽。在缆线进出线槽部位,转弯处应绑扎固定。垂直线槽布放缆线应每间隔 1.5 m 处固定在缆线支架上,以防线缆下坠。

四、前端设备安装

前端设备安装工艺流程如图 6-3-3 所示,安装要求如下:

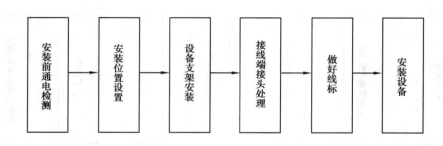

图 6-3-3　前端设备安装工艺流程

（一）安装前的设备检验

施工前应对所安装的设备外观、型号规格、数量、标志、标签、产品合格证、产地证明、说明书、技术文件资料进行检验,检验设备是否选用厂家原装产品,设备性能是否达到设计要求和国家标准的规定。

施工前设备必须 24 h 通电检查,检查设备的稳定性,并作好设备通电检查记录,发现不合格设备要及时更换。

（二）设备安装位置的设置

根据图纸设计要求,正确选定安装位置;施工前对设备安装位置的性质进行统计,例如,吊装、墙装、顶装、安装高度等,做到安装之前心中有数。

（三）设备支架安装

根据设备的大小,正确选用固定螺丝或膨胀钉;固定螺丝需拧紧,不应产生松动现象;支架安装尺寸应符合设计要求。

（四）接线端接头处理

接头制作平整牢固,与 PNC 头接触必须正确有效;接线头必须进行焊锡处理,保证接线端接触良好,不易氧化;做好线标。

（五）设备安装

将设备正确固定在支架上;安装必须牢靠、稳固;根据线标和设计要求正确接线。

五、中控室控制台安装

（一）控制台、机柜安装

控制台安装位置应符合设计要求,便于安装和施工;底座安装应牢固,应按设计图的防震要求进行施工;控制台安放应竖直,台面水平,垂直偏差不大 1‰,水平偏差不大于 3 mm,控制台之间缝隙不大于 1 mm;控制台表面应完整,无损伤,螺丝坚固,每平方米表面凹凸度应小于 1 mm;台内接插件和设备接触可靠;台内接线应符合设计要求,接线端子各种标志应齐全,保持良好;机柜内机架、配线设备,金属钢管、槽道、接地体,保护接地,导线截面,颜色应符合设计要求;所有台柜应设接地端子,并良好连接接入大楼接地端排。

（二）控制台设备安装

施工前应对所安装的设备外观、型号规格、数量、标志、标签、产品合格证、产地证明、说明书、技术文件资料进行检验,检验设备是否选用厂家原装产品,设备性能是否达到设计要求和国家标准的规定。

施工前设备必须 24 h 通电检查,检查设备的稳定性,并作好设备通电检查记录,发现不合同设备及时更换。

设备与面板之间的缝隙应小于 1 mm;设备应按设计要求安装就位,标志齐全;安装螺丝应牢固。

 任务实施

一、任务提出

参观楼宇智能化系统施工现场,了解该项目各系统施工工艺流程,撰写参观报告。

二、任务目标

①熟悉楼宇智能化系统工程施工流程,会画施工工艺流程图。
②掌握楼宇智能化系统工程施工工艺要求。
③会撰写楼宇智能化系统工程施工方案。

三、实施步骤

①由教师提前与合作楼宇智能化系统工程施工公司负责人联系,确定参观时间。
②将学生分组,由项目工程现场负责人分别带领参观各系统施工现场。
③由项目工程现场负责人介绍各系统施工工艺流程。
④由项目工程现场负责人讲解各系统施工工艺要求。
⑤全体学生集中,与项目负责人交流,讨论参观感想。

四、任务总结

书写参观报告,画出该项目各系统施工工艺流程图。利用两个课时时间,讨论参观感想。

 思考与练习

1.上网进行资料检索,列写楼宇智能化 5A 系统施工相关的国家标准。
2.简述楼宇智能化 5A 系统中各系统的前端设备。
3.简述楼宇智能化系统中控室内的设备。
4.现有一间实训室需要安装照明系统、消防系统、安防系统、通信系统等,画出该集成施工项目中各系统的施工工艺流程图。

参考文献

[1] 姜海.弱电系统设计[M].北京:中国电力出版社,2015.

[2] 喻建华,陈旭平.建筑弱电应用技术[M].武汉:武汉理工大学出版社,2010.

[3] 白永生.建筑电气弱电系统设计指导与实例[M].北京:中国建筑工业出版社,2015.

[4] 梁嘉强,陈晓宜.建筑弱电系统安装[M].北京:中国建筑工业出版社,2006.

[5] 中国建筑标准设计研究院.97X700(上)智能建筑弱电工程设计施工图集[M].北京:中国计划出版社,2008.

[6] 百度百科。

[7] 百度文库中相关网络资源。

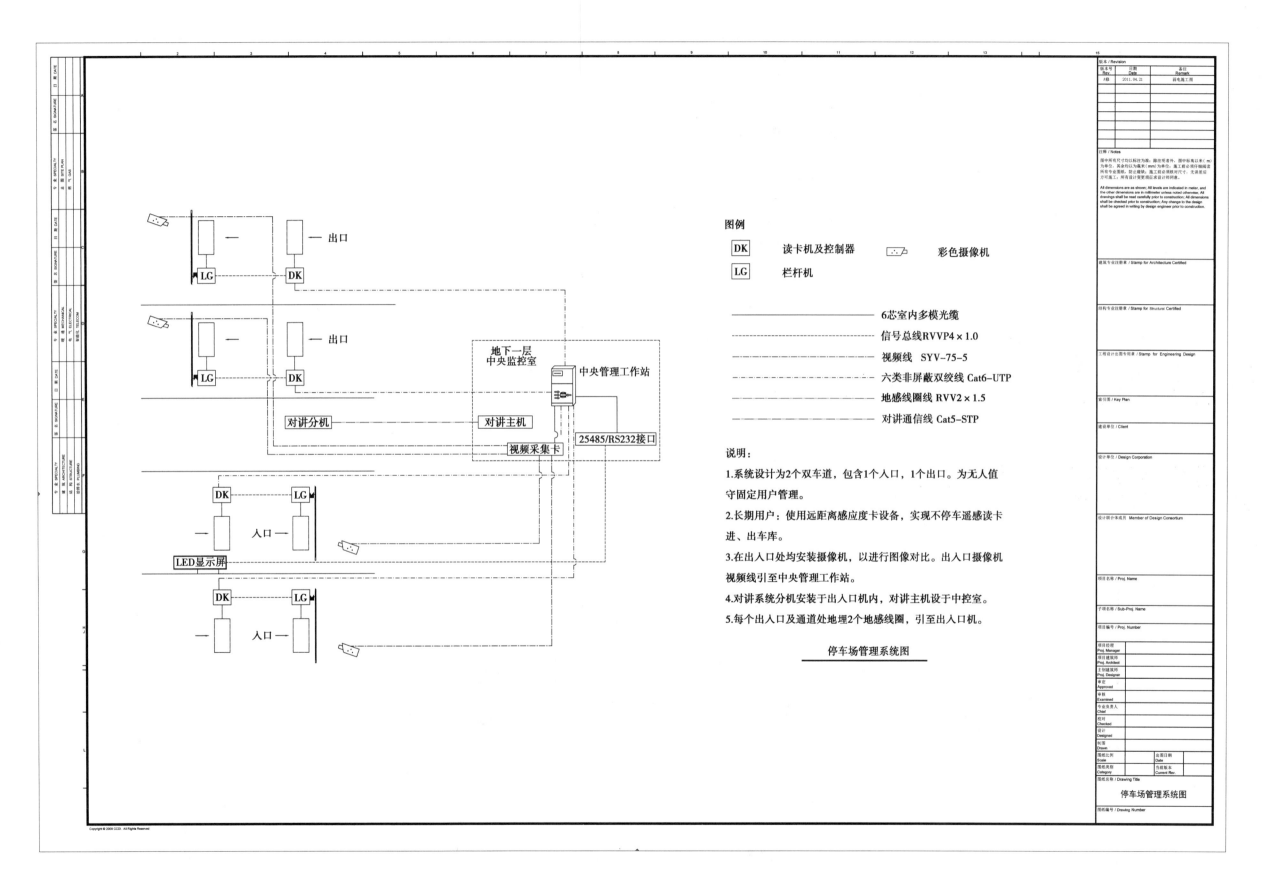

图例

| DK | 读卡机及控制器 | | 彩色摄像机 |
| LG | 栏杆机 | | |

────── 6芯室内多模光缆
────── 信号总线RVVP4×1.0
────── 视频线 SYV-75-5
────── 六类非屏蔽双绞线 Cat6-UTP
────── 地感线圈线 RVV2×1.5
────── 对讲通信线 Cat5-STP

说明:

1.系统设计为2个双车道,包含1个入口,1个出口。为无人值守固定用户管理。

2.长期用户:使用远距离感应度卡设备,实现不停车遥感读卡进、出车库。

3.在出入口均安装摄像机,以进行图像对比。出入口摄像机视频线引至中央管理工作站。

4.对讲系统分机安装于出入口机内,对讲主机设于中控室。

5.每个出入口及通道处地埋2个地感线圈,引至出入口机。

停车场管理系统图

图 3-4-11 停车场管理系统

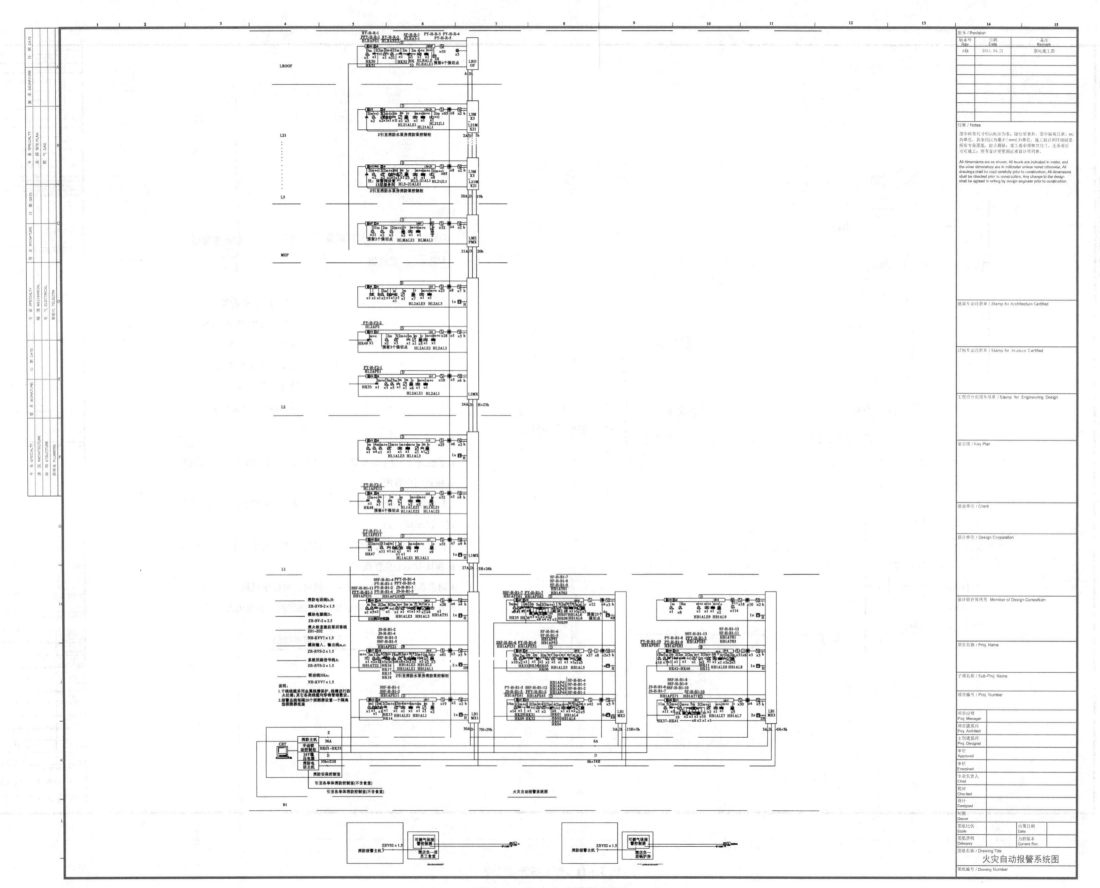

图 4-1-7　火灾自动报警系统图

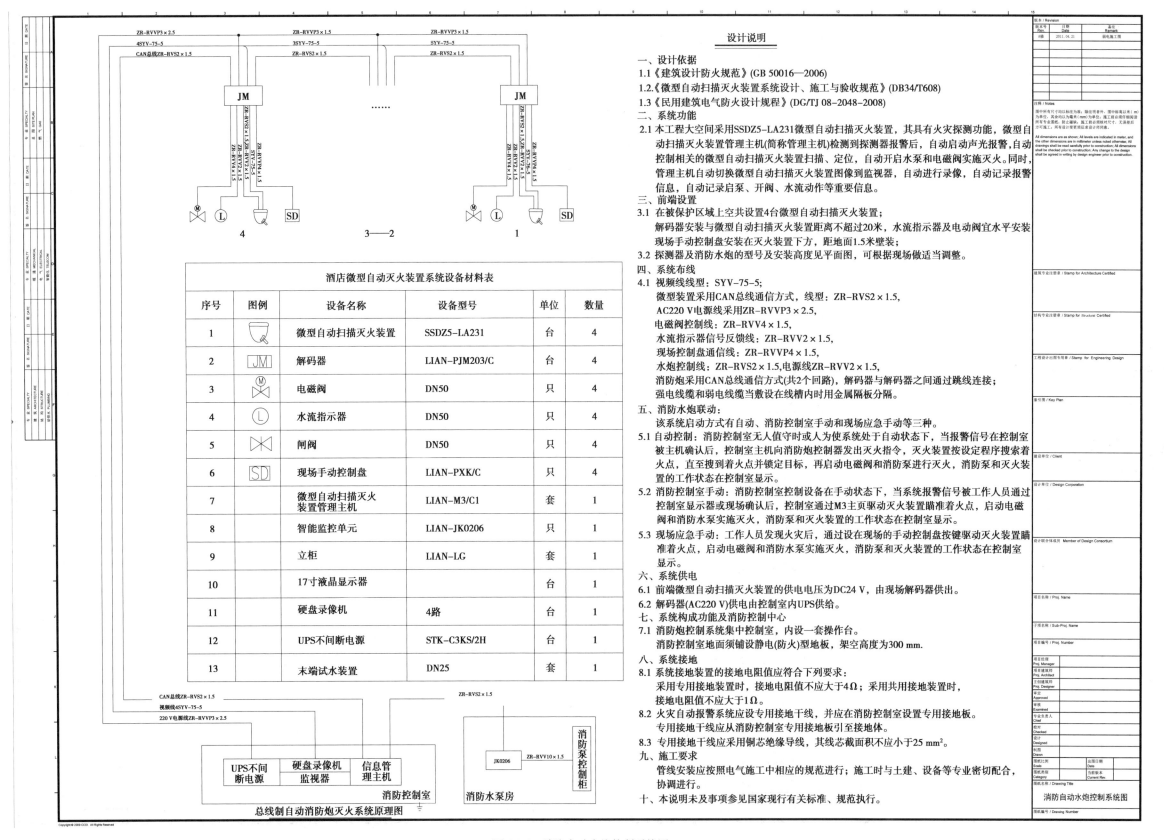

图 4-1-8 消防自动水炮控制系统图

酒店楼控系统点表

区域	DDC	受控设备	台数	模拟量		数字量		备注	配电箱	压差传感器	电动水阀(DN50)	风道温湿度	调节风阀	防冻开关
				AI	AO	DI	DO							
	DDC-B1-1	集水坑潜污泵	2			4	2	一用一备						
	DDC-B1-2	电梯控制箱(客梯)	6	6		18	12							
		XF-H-B1-1	1	5	2	4	2		HB1AP32	1	1	1	1	
		温湿度传感器	1	2										
		集水坑潜污泵	1			2	1	一用一备						
	DDC-B1-3	PF-H-B1-19	1			3	1		HB1AP32	1				
		SSF-H-B1-11	1			3	1		HB1AP31	1				
		SSF-H-B1-12	1			3	1		HB1AP43	1				
		PPY-H-B1-1	1			3	1		HB1AP31	1				
		PPY-H-B1-2	1	1		3	1		HB1APE43	1				
		XF-H-B1-2	1	5	2	4	2		HB1AT23	1	1	1	1	
		电梯控制箱(货梯)	2	2		2	4							
		温湿度传感器	1	2										
		集水坑潜污泵	2			4	2	一用一备		1				
	DDC-B1-4	PF-H-B1-1	1			3	1		HB1AP44	1				
		PF-H-B2-1	1			3	1		HB1AP43	1				
		PF-H-B3-1	1			3	1		HB1AP42	1				
		PF-H-B1-4	1			3	1		HB1AP41	1				
		集水坑潜污泵	4			8	4	一用一备		1				
	DDC-B1-5	PF-H-B1-5	1			3	1		HB1AP52	1				
		PF-H-B1-6	1			3	1		HB1AP51	1				
		PF-H-B1-16	1			3	1		HB1AT52	1				
		PF-H-B1-18	1			3	1		HB1AT52	1				
		集水坑潜污泵	1			2	1	一用一备		1				
	DDC-B1-6	PF-H-B1-7	1			3	1		HB1AT61	1				
		PF-H-B1-8	1			3	1		HB1AT62	1				
		PF-H-B1-9	1			3	1		HB1AT62	1				
		PF-H-B1-14	1			3	1		HB1AT62	1				
		PF-H-B1-15	1			3	1		HB1AT62	1				
		SF-H-B1-7	1			3	1		HB1AT61	1				
		SF-H-B1-8	1			3	1		HB1AT62	1				
	DDC-B1-7	SF-H-B1-10	1			3	1		HB1AT71	1				
		PF-H-B1-10	1			3	1		HB1AP71	1				
		集水坑潜污泵	1			2	1	一用一备						
	DDC-B1-8	PF-H-B1-12	1			3	1		HB1AT81	1				
		PF-H-B1-13	1			3	1		HB1AP84	1				
		SF-H-B1-12	1			3	1		HB1AT81	1				
		SSF-H-B1-13	1			3	1		HB1ATE83	1				
		PPYF-H-B1-3	1			3	1		HB1APE83	1				
		集水坑潜污泵	2			4	2	一用一备						
	DDC-B1-9	集水坑潜污泵	3			6	3	一用一备						
L1	DDC-L1-1	XF-H-F1-1	1	5	2	4	2		HL1AP1	1	1	1	1	
		K-H-F1-1	1	9	4	5	3		HL1AP1	1	2	3	2	
		PF-H-F1-1	1			3	1		HL1AP1	1				
		温湿度传感器	1	2										
	DDC-L1-2	PF-H-F1-2	1			3	1		HL1AP1	1				
	DDC-L1-3	XF-H-F1-2	1	5	2	4	2		HL1AP3	1	1	1	1	
		PF-H-F1-3	1			3	1		HL1AP3	1				
L2	DDC-L2-1	XF-H-F2-1	1	5	2	4	2		HL2AP1	1	1	1	1	
		PF-H-F2-1	1			3	1		HL2AP1	1				
		温湿度传感器	1	2										
	DDC-L2-2	XF-H-F2-2	1	5	2	4	2		HL2AP2	1	1	1	1	
		PF-H-F2-2	1			3	1		HL2AP2	1				
		温湿度传感器	1	2										
MEP	DDC-MEP	XF-H-MEP-1	1	5	2	4	2		HLMAP1	1	1	1	1	
		XF-H-MEP-2	1	5	2	4	2		HLMAP1	1	1	1	1	
		XF-H-MEP-3	1	5	2	4	2		HLMAP1	1	1	1	1	
		XF-H-MEP-4	1	5	2	4	2		HLMAP1	1	1	1	1	
LR	DDC-LR	XF-H-R-1	1	5	2	4	2		HLRAP2	1	1	1	1	
		XF-H-R-2	1	5	2	4	2		HLRAP2	1	1	1	1	
		XF-H-R-3	1	5	2	4	2		HLRAP4	1	1	1	1	
		XF-H-R-4	1	5	2	4	2		HLRAP4	1	1	1	1	
		JS-H-R-1	1			3	1		HLRAPE1	1				
		JS-H-R-2	1			3	1		HLRAPE2	1				
		JS-H-R-3	1			3	1		HLRAPE1	1				
		JS-H-R-4	1			3	1		HLRAPE2	1				
		PPY-H-R-1	1			3	1		HLRAPE1	1				
		PF-H-R-1~9	9			27	9		HLRAP1	9				
		PF-H-R-10~18	9			27	9		HLRAP3	9				
		PF-H-R-19~27	9			27	9		HLRAP1-1	9				
		PF-H-R-28~36	9			27	9		HLRAP3-1	9				
		PF-H-R-37	1			3	1		HLRAP3	1				
		PF-H-R-38	1			3	1		HLRAP3-1	1				
		PF-H-R-39	1			3	1		HLRAP1	1				
		PF-H-R-40	1			3	1		HLRAP1	1				
		PF-H-R-41	1			3	1		HLRAP1	1				
		SF-H-R-1	1			3	1		HLRAP3-1	1				
		温湿度传感器	1	2										
		合计		100	32	407	126			95	16	17	16	

图 5-1-4 建筑设备监控点表

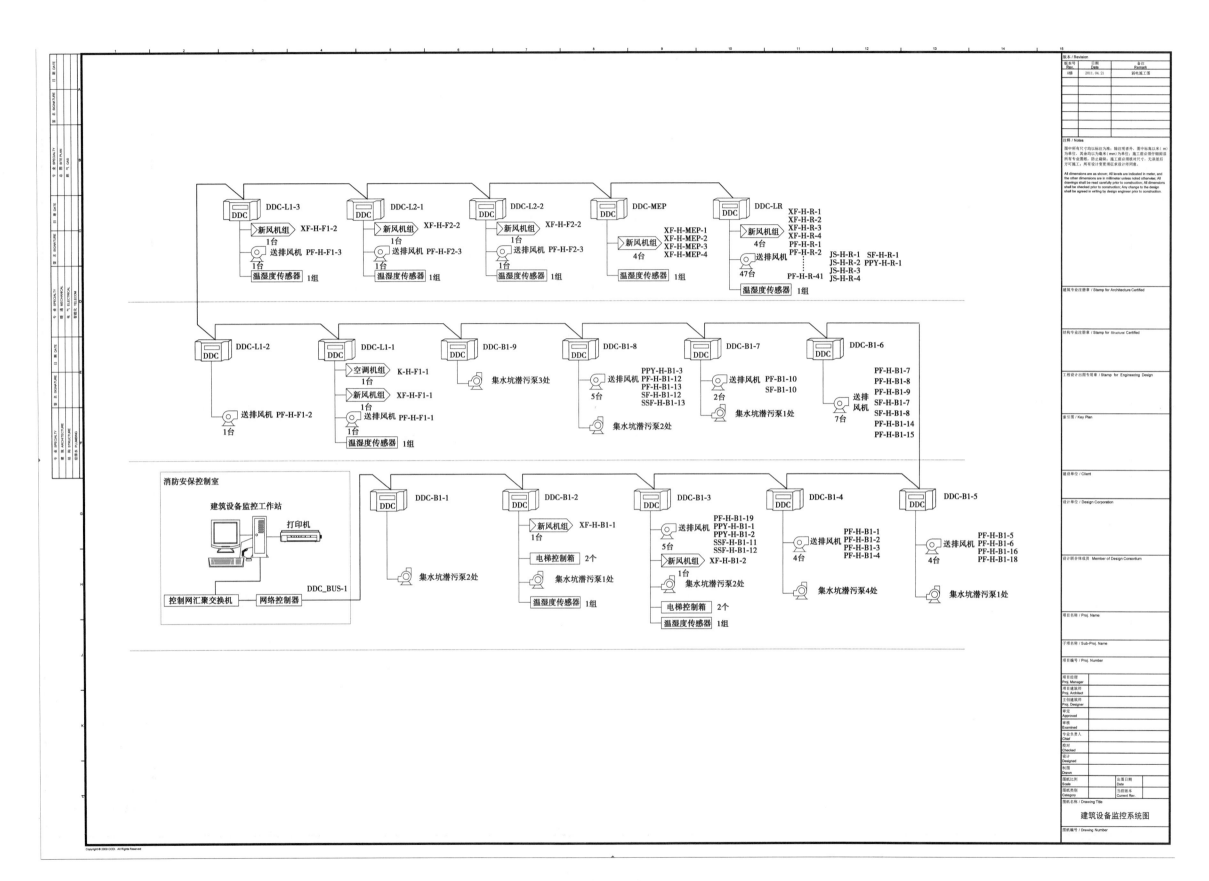

图 5-1-5 建筑设备监控系统图

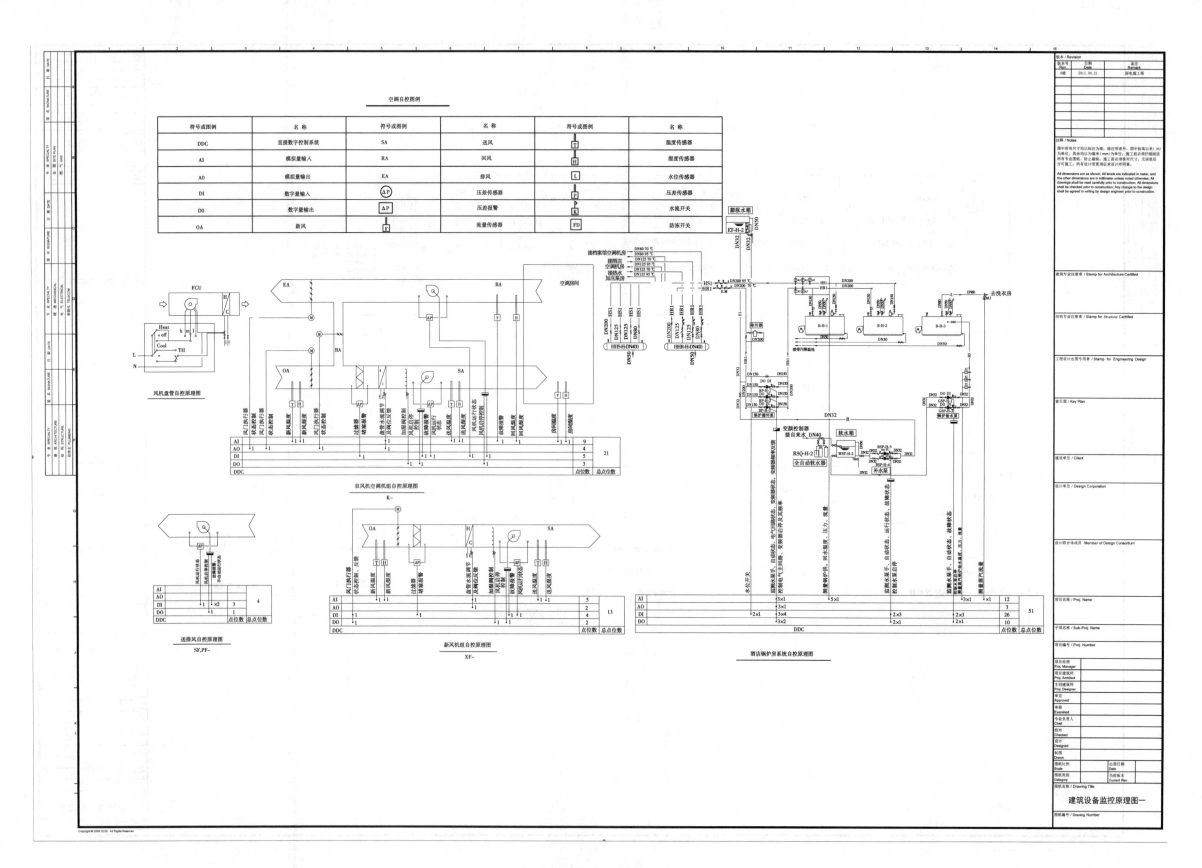

图 5-1-6 建筑设备监控原理图一

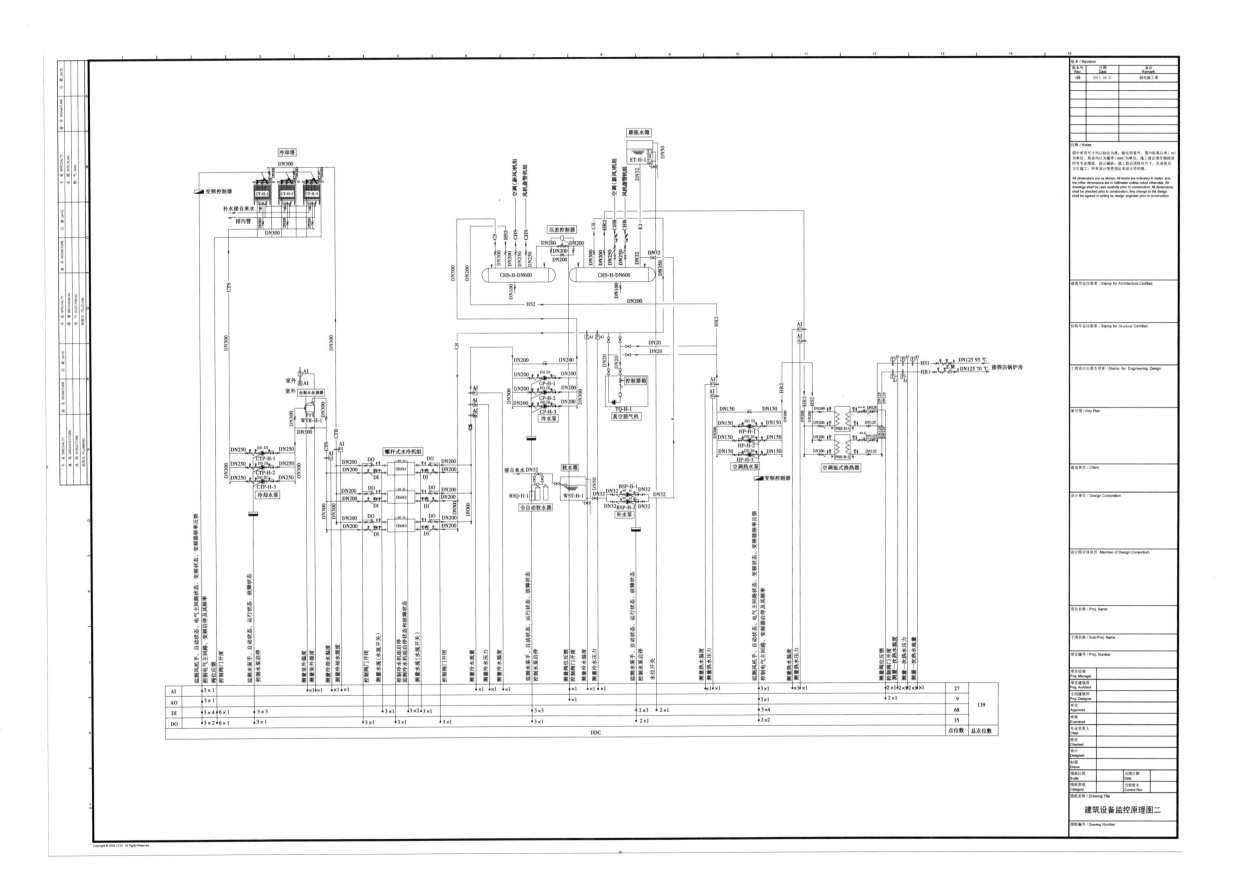

图 5-1-7 建筑设备监控原理图二

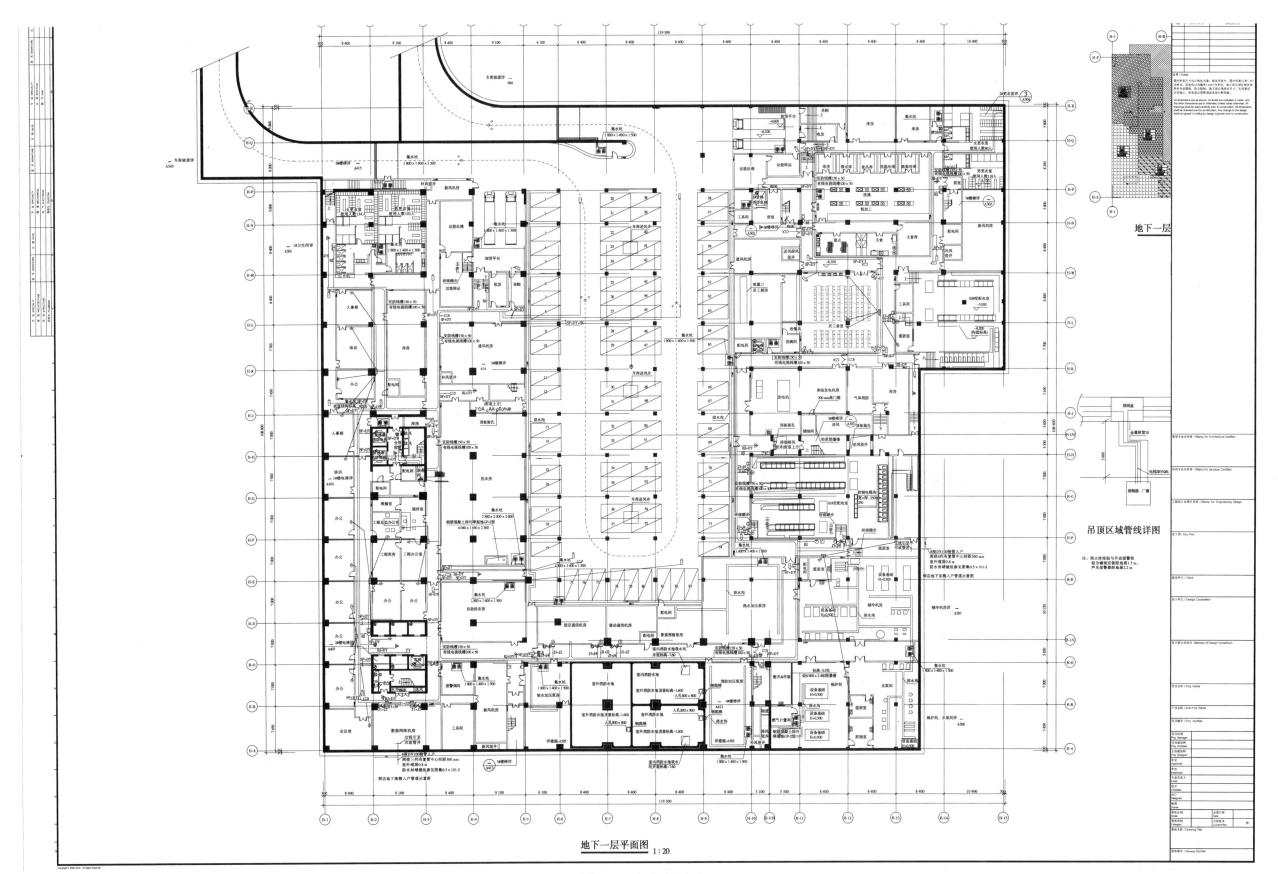

地下一层平面图 1:20

图 1-1-6 地下一层平面

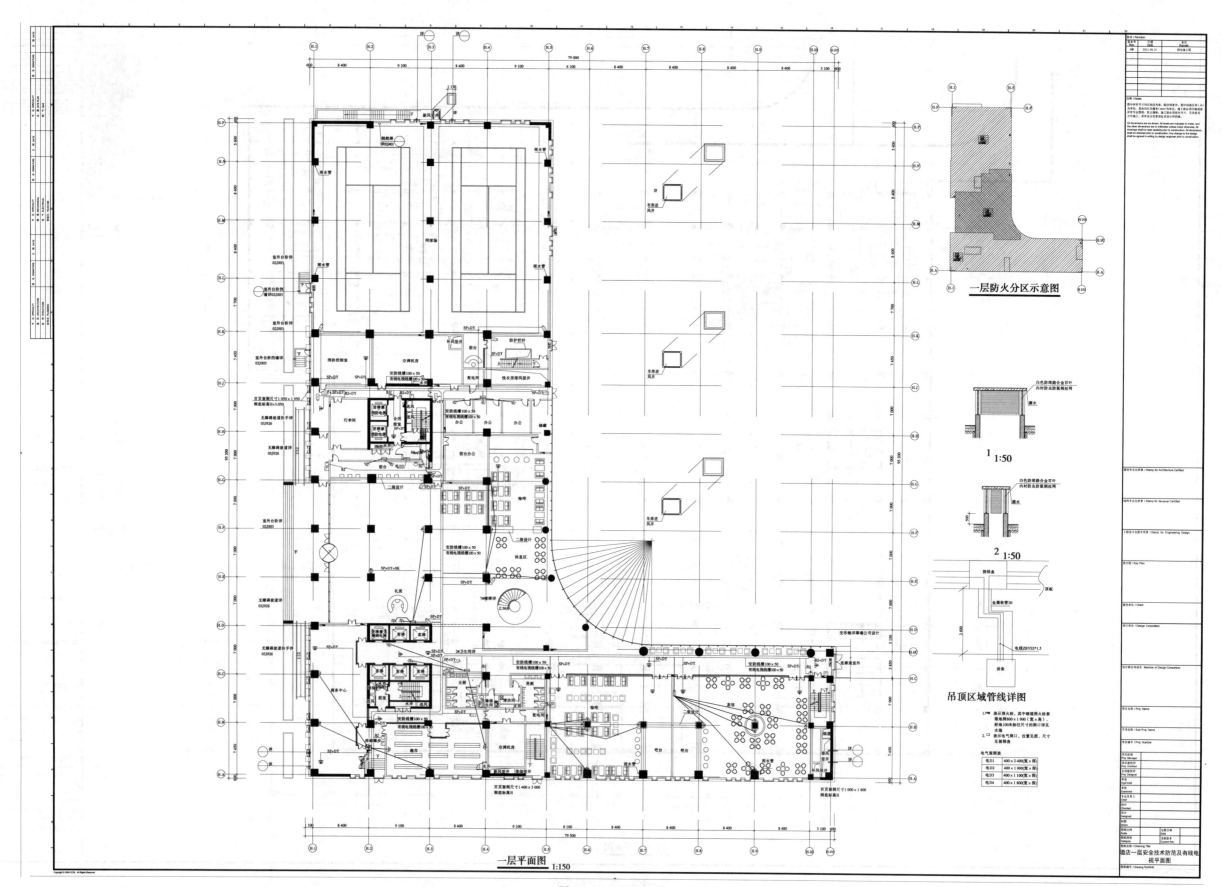

图 1-1-7 一层平面图

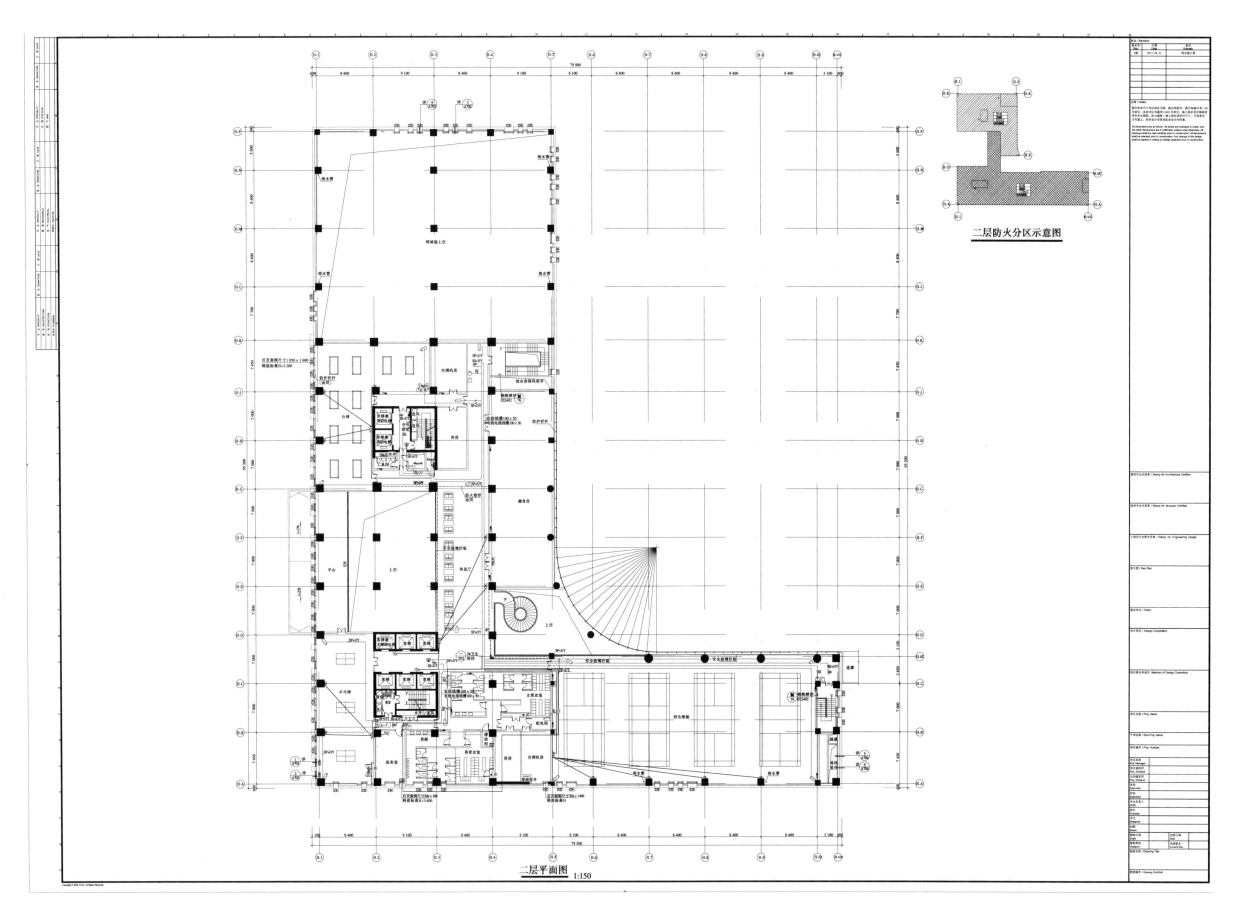

二层平面图 1:150

图 1-1-8　二层平面图

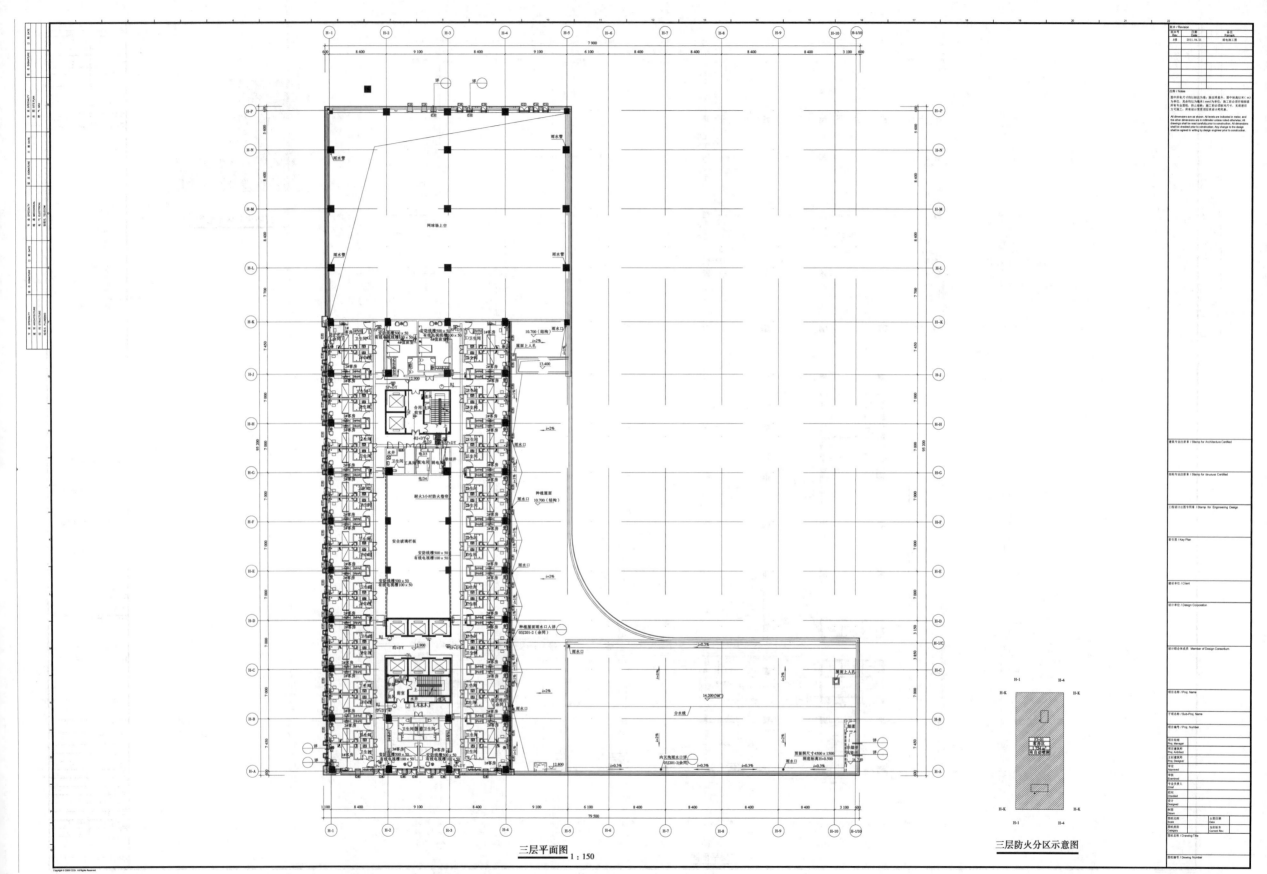

三层平面图
1 : 150

三层防火分区示意图

图 1-1-9 三层平面图

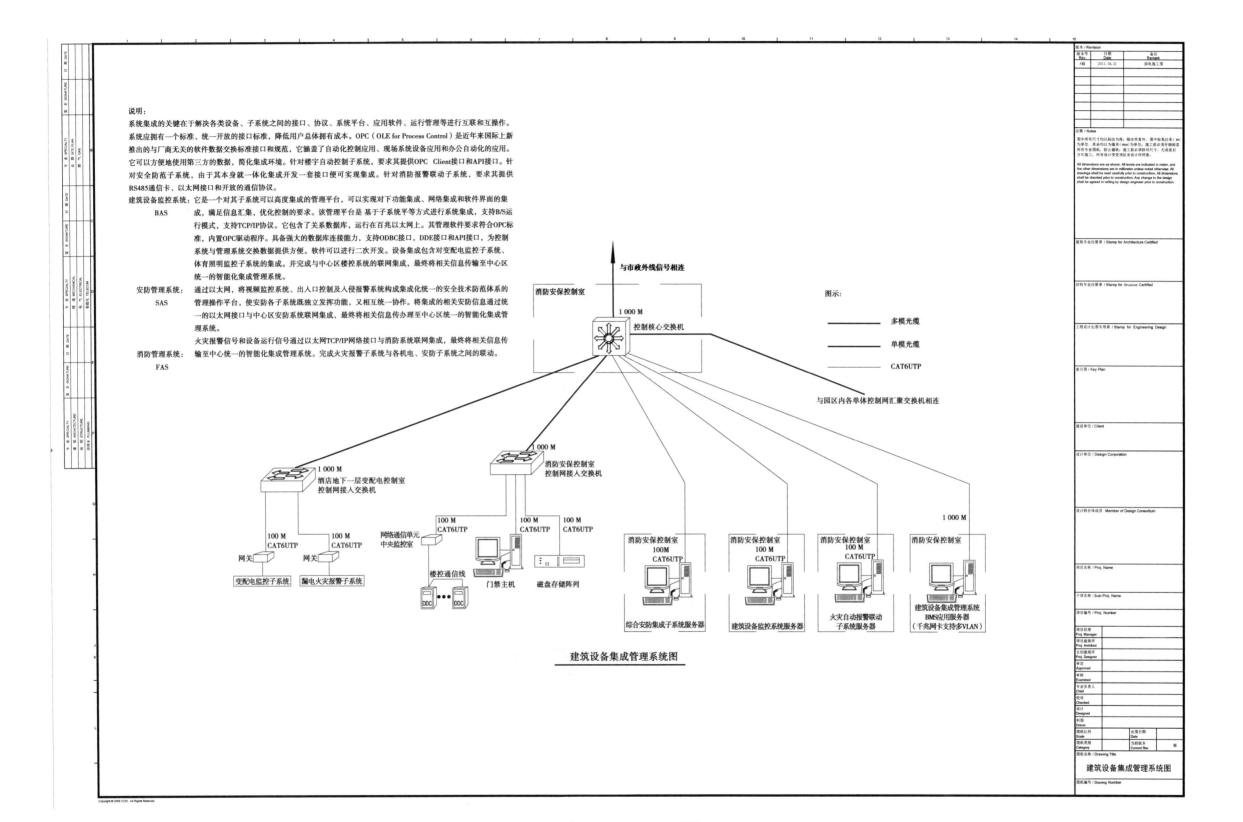

说明：

系统集成的关键在于解决各类设备、子系统之间的接口、协议、系统平台、应用软件、运行管理等进行互联和互操作。

系统应拥有一个标准、统一开放的接口标准，降低用户总体拥有成本。OPC（OLE for Process Control）是近年来国际上新推出的与厂商无关的软件数据交换标准接口和规范，它涵盖了自动化控制应用、现场系统设备应用和办公自动化的应用。它可以方便地使用第三方的数据，简化集成环境。针对楼宇自动控制系统，要求其提供OPC Client接口和API接口。针对安全防范子系统，由于其本身就一体化集成开发一套接口便可实现集成。针对消防报警联动子系统，要求其提供RS485通信卡、以太网接口和开放的通信协议。

建筑设备监控系统：它是一个对其子系统可以高度集成的管理平台，可以实现对于功能集成、网络集成和软件界面的集成，满足信息汇集、优化控制的要求。该管理平台是基于子系统平等方式进行系统集成，支持B/S运行模式，支持TCP/IP协议。它包含了关系数据库，运行在百兆以太网上。其管理软件要求符合OPC标准，内置OPC驱动程序。具备强大的数据库连接能力，支持ODBC接口、DDE接口和API接口，为控制系统与管理系统交换数据提供方便。软件可以进行二次开发。设备集成包含对变配电监控子系统、体育照明监控子系统的集成。并完成与中心区楼控系统的联网集成，最终将相关信息传输至中心区统一的智能化集成管理系统。

BAS

安防管理系统：通过以太网，将视频监控系统、出入口控制及入侵报警系统构成集成化统一的安全技术防范体系的管理操作平台，使安防各子系统既独立发挥功能，又相互统一协作。将集成的相关安防信息通过统一的以太网接口与中心区安防系统联网集成，最终将相关信息传输至中心区统一的智能化集成管理系统。

SAS

消防管理系统：火灾报警信号和设备运行信号通过以太网TCP/IP网络接口与消防系统联网集成，最终将相关信息传输至中心统一的智能化集成管理系统。完成火灾报警子系统与各机电、安防子系统之间的联动。

FAS

建筑设备集成管理系统图

图 1-2-2　某酒店智能化设备集成管理系统图

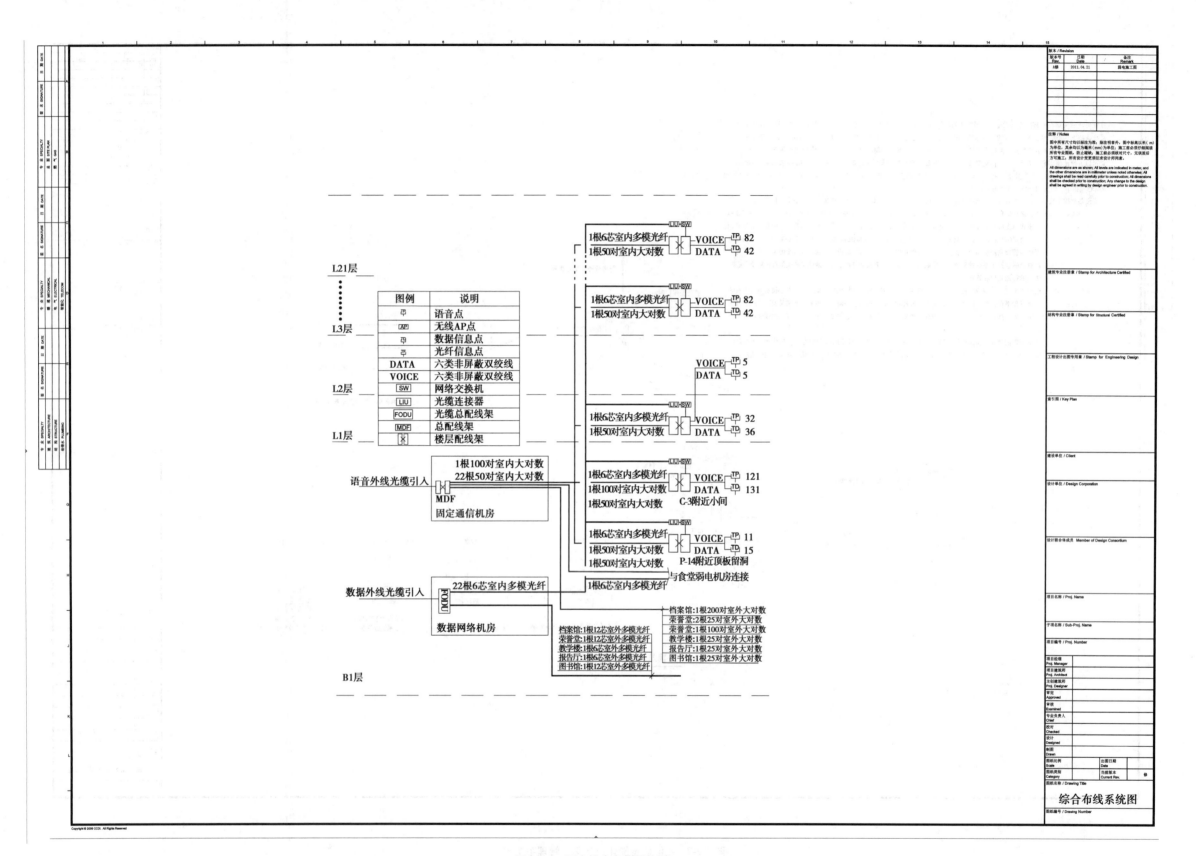

图 2-1-9　酒店综合布线系统图

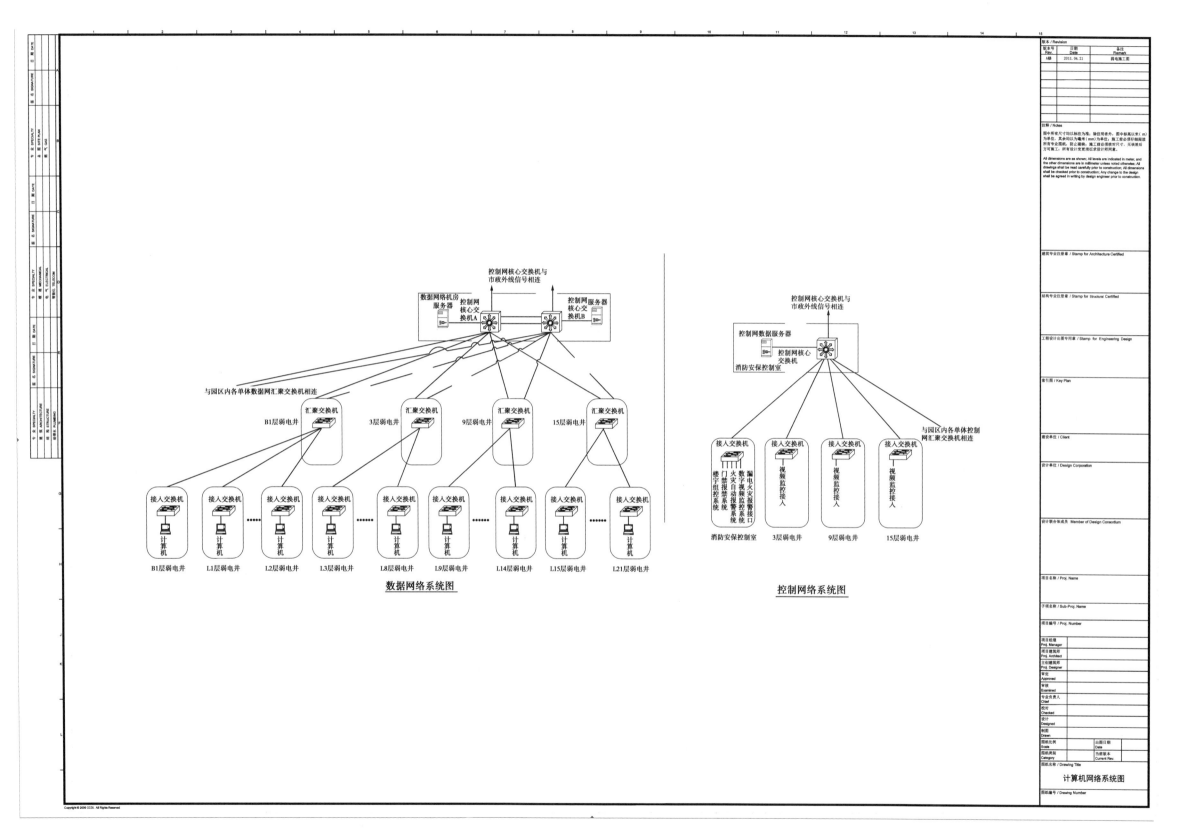

图 2-2-5 酒店计算机网络系统图

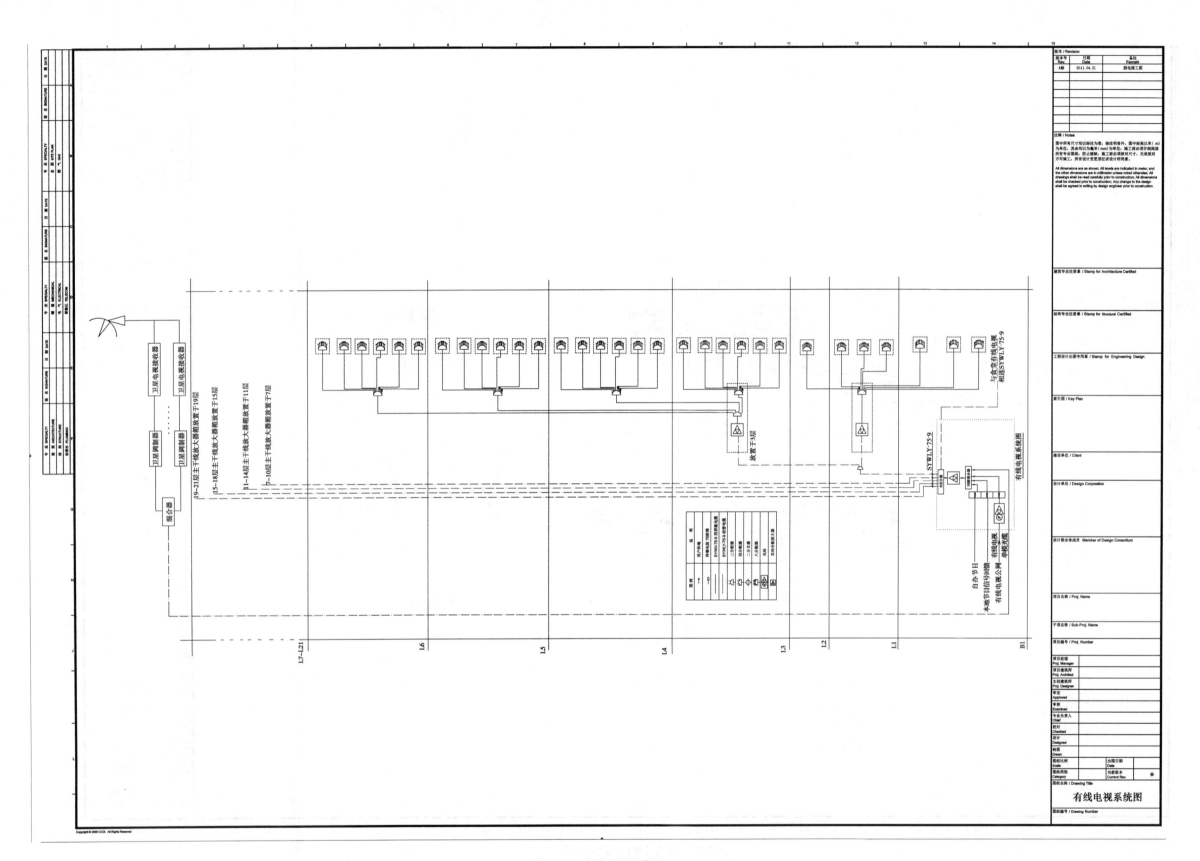

图 2-4-4　有线电视系统图

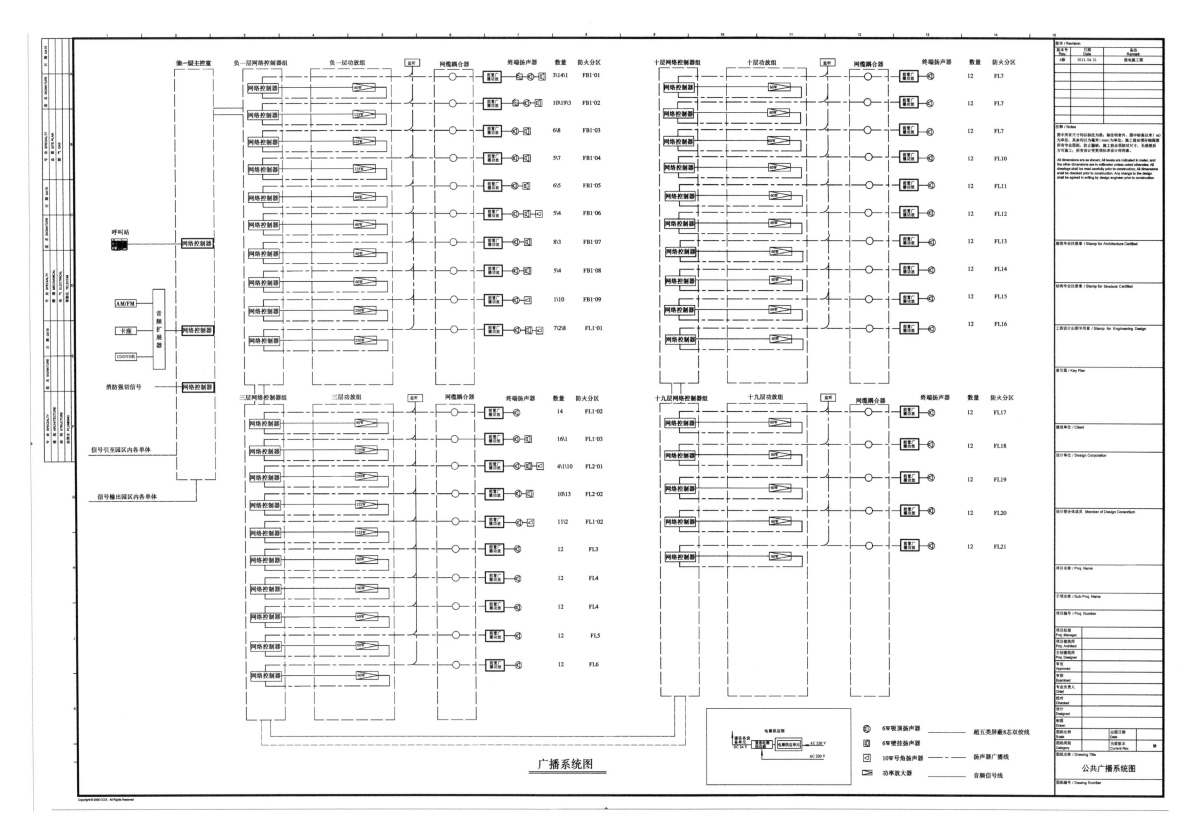

图 2-6-4　公共广播系统图

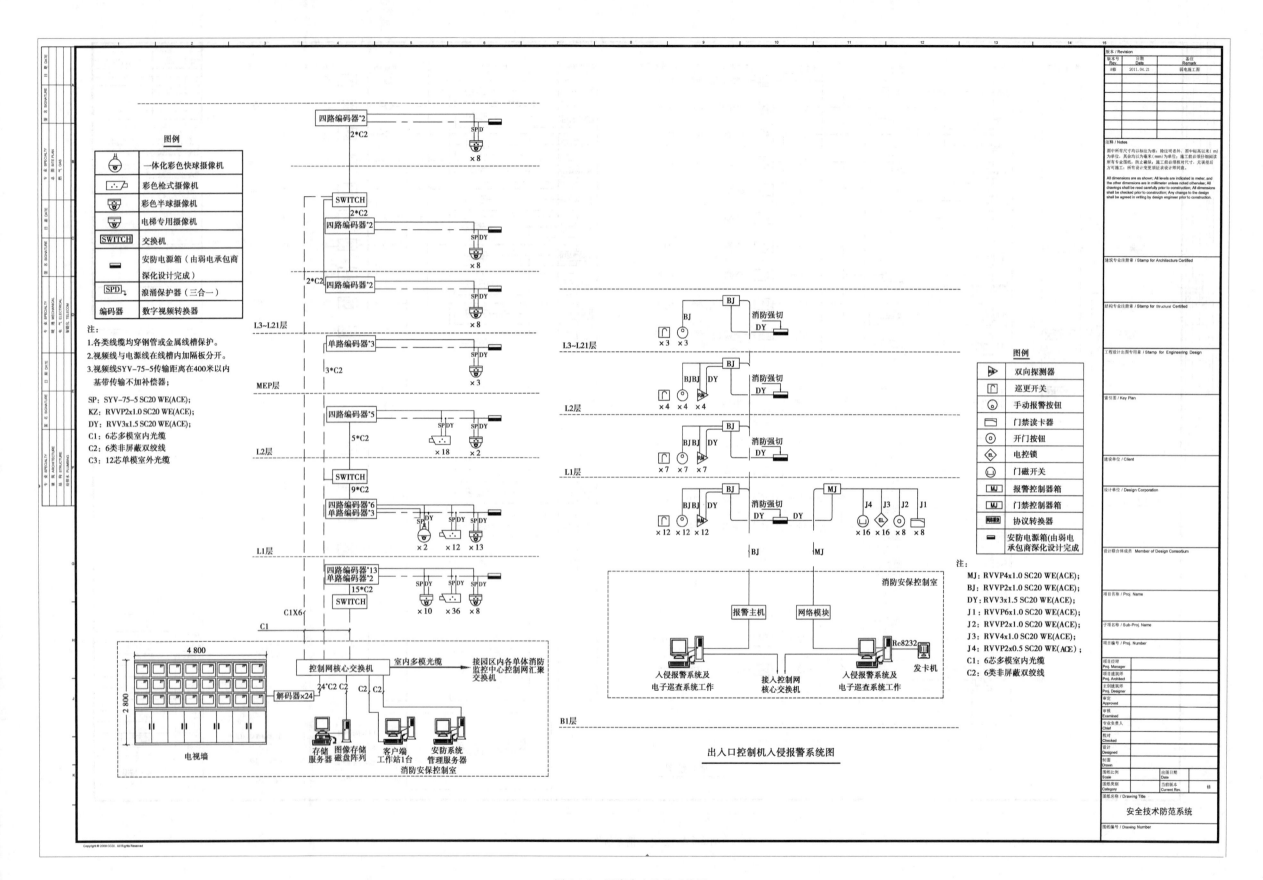

图 3-1-2　酒店安全防范系统图

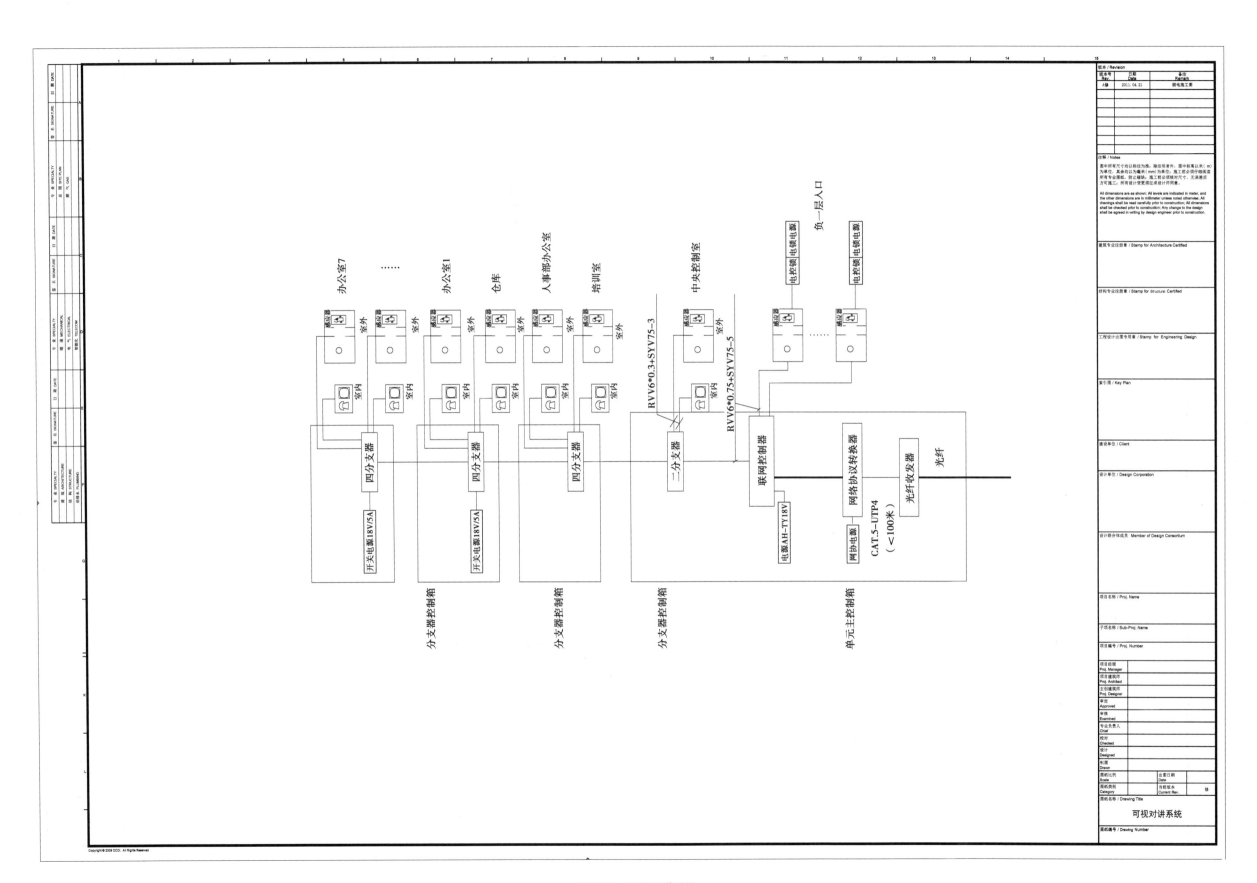

图 3-3-3　可视对讲系统

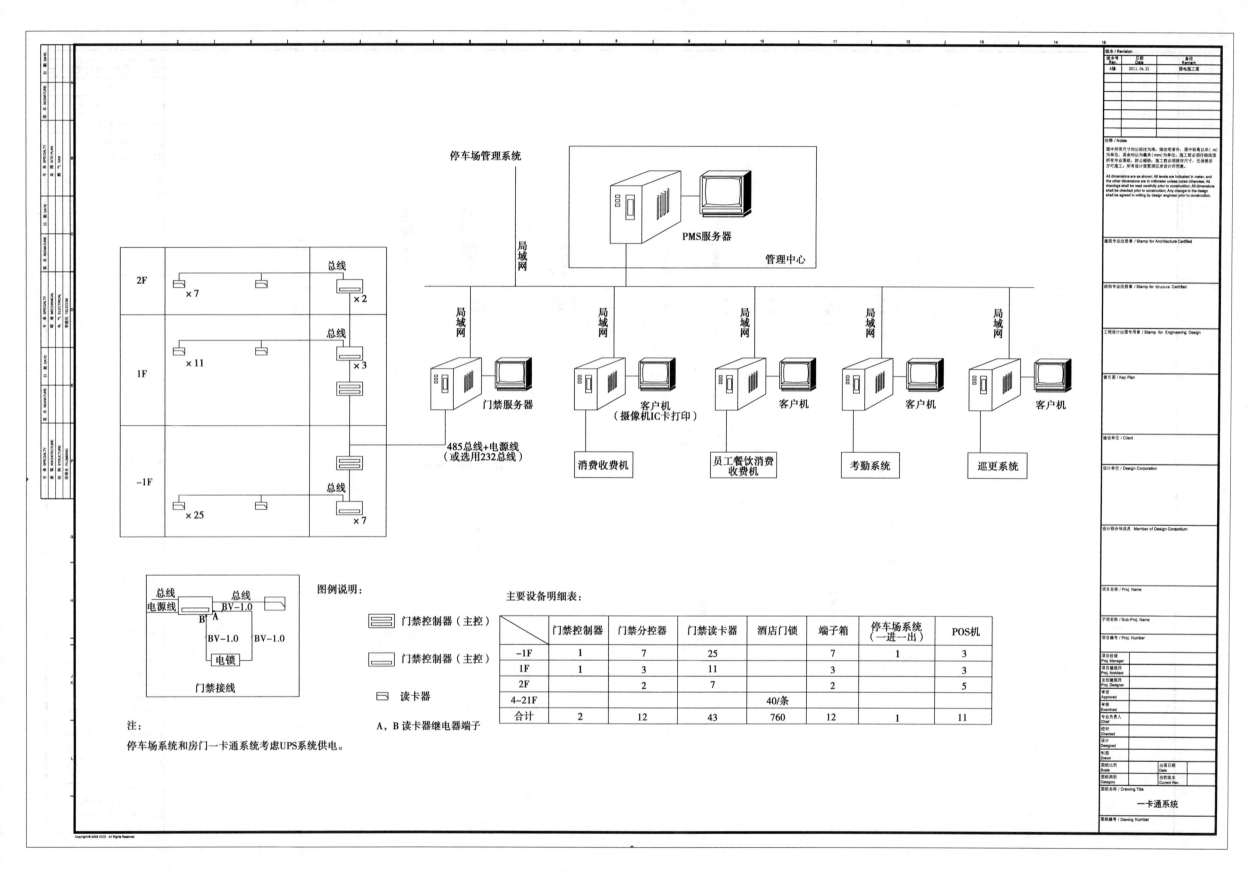

图 3-4-10　酒店一卡通系统